50 Arten, Nein zu sagen

AF645749

Papier
plus+
PDF.

Zu diesem Buch – sowie zu vielen weiteren dpunkt.büchern – können Sie auch das entsprechende E-Book im PDF-Format herunterladen. Werden Sie dazu einfach Mitglied bei dpunkt.plus+:

www.dpunkt.plus

Robbin Schuurman · Willem Vermaak

50 Arten, Nein zu sagen

Effektives Stakeholder-Management für Product Owner

Aus dem Niederländischen von Rolf Dräther

dpunkt.verlag

Robbin Schuurman · *rschuurman@xebia.com*
Willem Vermaak · *wvermaak@xebia.com*

Lektorat: Christa Preisendanz
Übersetzung: Rolf Dräther, *www.happycentric.de*
Copy-Editing: Ursula Zimpfer, Herrenberg
Satz & Layout: Birgit Bäuerlein
Herstellung: Stefanie Weidner
Umschlaggestaltung: Helmut Kraus, *www.exclam.de*
Druck und Bindung: mediaprint solutions GmbH, 33100 Paderborn

Bibliografische Information der Deutschen Nationalbibliothek
Die Deutsche Nationalbibliothek verzeichnet diese Publikation in der Deutschen Nationalbibliografie; detaillierte bibliografische Daten sind im Internet über *http://dnb.d-nb.de* abrufbar.

ISBN:
Print 978-3-86490-740-1
PDF 978-3-96910-060-8
ePub 978-3-96910-061-5
mobi 978-3-96910-062-2

1. Auflage 2021
Translation Copyright für die deutschsprachige Ausgabe © 2021
dpunkt.verlag GmbH
Wieblinger Weg 17
69123 Heidelberg

Autorisierte Übersetzung der niederländischen Originalausgabe mit dem Titel »50 Tinten Nee – Effectief stakeholdermanagement voor de Product Owner« von Robbin Schuurman and Willem Vermaak. ISBN 978-9024427079.

Copyright © 2019 Boom uitgevers Amsterdam & Robbin Schuurman en Willem Vermaak.

Hinweis:
Dieses Buch wurde auf PEFC-zertifiziertem Papier aus nachhaltiger Waldwirtschaft gedruckt. Der Umwelt zuliebe verzichten wir zusätzlich auf die Einschweißfolie.

PEFC zertifiziert
Das Papier für dieses Buch stammt aus nachhaltig bewirtschafteten Wäldern und kontrollierten Quellen
PEFC/04-31-0810 www.pefc.de

Schreiben Sie uns:
Falls Sie Anregungen, Wünsche und Kommentare haben, lassen Sie es uns wissen: *hallo@dpunkt.de.*

Die vorliegende Publikation ist urheberrechtlich geschützt. Alle Rechte vorbehalten. Die Verwendung der Texte und Abbildungen, auch auszugsweise, ist ohne die schriftliche Zustimmung des Verlags urheberrechtswidrig und daher strafbar. Dies gilt insbesondere für die Vervielfältigung, Übersetzung oder die Verwendung in elektronischen Systemen.
Es wird darauf hingewiesen, dass die im Buch verwendeten Soft- und Hardware-Bezeichnungen sowie Markennamen und Produktbezeichnungen der jeweiligen Firmen im Allgemeinen warenzeichen-, marken- oder patentrechtlichem Schutz unterliegen.
Alle Angaben und Programme in diesem Buch wurden mit größter Sorgfalt kontrolliert. Weder Autor noch Verlag noch Übersetzer können jedoch für Schäden haftbar gemacht werden, die in Zusammenhang mit der Verwendung dieses Buches stehen.

5 4 3 2 1 0

»Ja zu sagen ist einfach, doch Nein zu sagen erfordert wirklich Mut.«[1]

– *Anonym* –

1. Aus dem Niederländischen von Rolf Dräther.

Geleitwort

Die Vielzahl der Wünsche, die Geschwindigkeit der Veränderung und die Agilität von Organisationen werden für viele Produktverantwortliche zur Herausforderung. Dadurch nimmt das Bedürfnis enorm zu, sich für die Dinge zu entscheiden, die wirklich wichtig sind. In der Produktentwicklung ebenso wie in anderen Arbeitsbereichen, ja sogar zu Hause oder im Vereinsleben ist die Versuchung groß, all den Wünschen von außen nachzugeben. So haben manche Eltern kaum noch Zeit für sich selbst, weil sie ihre Kinder von einem Hobby zum nächsten fahren – mit einer Flexibilität, um die sie manches Taxiunternehmen beneiden würde. Das führt eher zu Stress und Hektik als zu Selbstentfaltung und dazu, wirklich für seine Umgebung präsent zu sein.

Die Inspiration zum [niederländischen] Buchtitel stammt von Rini van Solingen – vielen Dank dafür. Dieser Titel mag Sie vielleicht in die Irre führen, er scheint das Neinsagen in den Mittelpunkt zu rücken. Doch im Gegenteil: Die Essenz dieses Buches ist es, Ja zu sagen. Ja zu sagen zu den Dingen, die wirklich wichtig sind. Ja zu sagen zu etwas, das vielleicht dringend, aber vor allem wertvoll ist – auf kurze wie auf lange Sicht! Und das, ohne sich von Nebensächlichkeiten oder zukünftigen Anforderungen vereinnahmen zu lassen. Denn wie wollen Sie einer Vision folgen, wenn Sie ständig zu kleinen und weniger wichtigen Dingen Ja sagen!

Robbin und Willem werden Sie dabei unterstützen. Denn das können sie wirklich! Neben ihrer Erfahrung in der Produktentwicklung, den vielen Trainings, die sie gegeben haben, und den Organisationen, die sie begleitet haben, trifft man in diesem Buch auf ihren unverwechselbaren Stil und ihre Persönlichkeit – auf die Geduld und den Sachverstand von Robbin ebenso wie die Scharfsinnigkeit und den Humor von Willem, kombiniert mit einer Vielzahl von praktischen Tools und Neins. Gemeinsam haben sie ein hilfreiches und praktisches Handbuch für den Product Owner geschaffen. Dieses Buch unterstützt Sie beim effektiven Stakeholder-Management und stärkt Ihnen den Rücken, sodass Sie zu den Dingen Ja sagen können, die Ihnen wichtig sind.

In diesem Buch geht es ums Jasagen. Der Inhalt dieses Buches hilft Ihnen, mit mehr Empathie *und* mehr Klarheit mit Ihren Stakeholdern zu kommunizieren – eine Kombination, die für Product Owner Gold wert ist. Es kommt also darauf an, sich auf die wirklich wichtigen Dinge zu konzentrieren. Deshalb habe ich sofort und aus vollem Herzen Ja gesagt, als Robbin und Willem mich baten, das Geleitwort zu diesem Buch zu schreiben!

Euch beiden vielen Dank, dass ihr dieses praktische Handbuch geschrieben habt. Ihnen als Leser wünsche ich viel Freude und Erfolg bei der Umsetzung der Tipps aus diesem Buch.

Rob van Lanen
Management Coach/Change Agent

Inhaltsverzeichnis

Einleitung

»Einfachheit – die Kunst, die Menge nicht getaner Arbeit zu maximieren – ist essenziell.«

– Agiles Manifest, 10. Prinzip –

Stress, Stress, Stress! Das ist eine der häufigsten Antworten, wenn man Menschen fragt, wie es ihnen geht. Man rennt von einem Meeting zum anderen. Zwischendurch muss man schnell telefonieren, fix einen Kaffee holen und dann weiter zum nächsten Meeting. Es gibt unheimlich viel zu tun, doch es ist zu wenig Zeit, um alles schaffen zu können. Das bedeutet, man muss Entscheidungen treffen. Und aufgrund der wachsenden Komplexität muss man sich nicht nur immer häufiger, sondern auch immer schneller entscheiden.

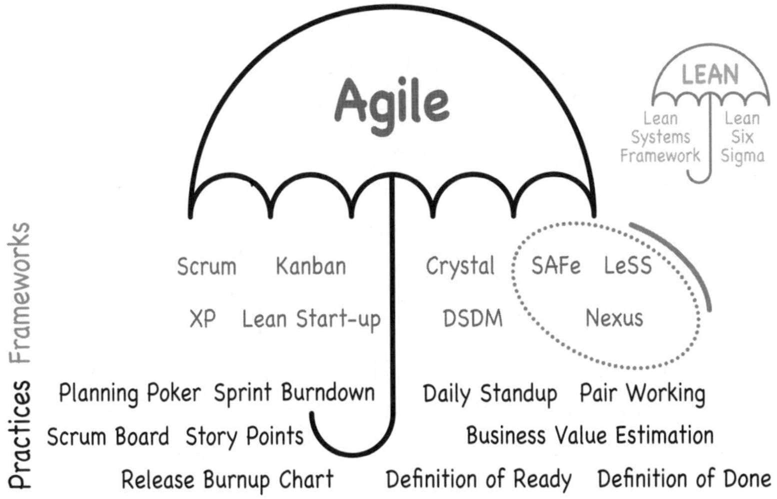

Abb. 1 *Der agile Regenschirm*

Viele Organisationen haben in den vergangenen Jahren eine »agile« Arbeitsweise eingeführt, um mit der wachsenden Komplexität umgehen zu können. In diesen agilen Organisationen strebt man nach Flexibilität, Wertmaximierung und Fokussierung auf den Kunden. Agilität kann man als ein alles überspannendes Gedankengut betrachten. Es besteht aus vier Werten und zwölf Prinzipien, die man unter *www.agilemanifesto.org* finden kann. Dieses agile Gedankengut wird innerhalb verschiedener »Frameworks« umgesetzt. Das Scrum-Framework ist eines davon.

Daneben existiert noch eine Reihe von »Praktiken«, die innerhalb agiler Organisationen zum Einsatz kommen. Dabei handelt es sich um weitere Tools und Ansätze, die zwar von den Teams eingesetzt, von den Frameworks oder dem agilen Gedankengut jedoch nicht gefordert werden. Das

Verhältnis zwischen Agilität, dem Scrum-Framework und den weiterführenden Praktiken zeigt Abbildung 1. Innerhalb des Scrum-Frameworks wird die Rolle des »Product Owners« benannt. Viele Unternehmen beschäftigen derzeit Product Owner, um die Agilität zu erhöhen, Wert zu maximieren und mehr Fokussierung rund um ihre Kunden zu erreichen. Diese Product Owner spielen eine entscheidende Rolle bei der (Weiter-)Entwicklung von (neuen) Produkten und Dienstleistungen. Ihre größte Verantwortung ist, »den Wert des Produktes zu maximieren«. Product Owner treffen laufend Entscheidungen. Sie wägen ab, was das Nächstwichtige und Wertvollste für die Umsetzung ist. Sich ständig entscheiden zu müssen, bedeutet auch, regelmäßig Nein zu sagen.

In vielen Unternehmen gibt es mehr Wünsche, Anforderungen und Anfragen, als Kapazität verfügbar ist, um all diese Arbeit zu erledigen. Vom Markt, durch staatliche Stellen, Konkurrenten und aus der eigenen Organisation wird zudem Einfluss geltend gemacht, um Veränderungen herbeizuführen. Diese Faktoren beeinflussen die Produkte und Dienstleistungen des Unternehmens. Darüber hinaus müssen Unternehmen entscheiden, in welche ihrer Produkte sie investieren wollen. Häufig wird dabei eine gute Balance zwischen Innovation, Erweiterung, Wartung und Architektur angestrebt. All das wirkt sich auf die Produkte und Dienstleistungen aus, die Sie liefern, und deshalb ist es unumgänglich, Entscheidungen zu treffen. Als Product Owner spielen Sie bei diesen Entscheidungsprozessen eine Schlüsselrolle.

Wenn Sie häufiger Nein sagen, werden Sie auch bewusster Ja sagen, dann aber vorrangig zu den »richtigen Dingen«. Vielleicht sind die wichtigsten Dinge in Ihrem Kontext vor allem durch Gesetzgebung und Regularien bestimmt und somit entscheidend für den Fortbestand des Produkts. Doch das Ziel bleibt natürlich, dass es Dinge sind, die für die Organisation oder den Kunden wirklich Wert hinzufügen. Indem Sie Nein sagen, schaffen Sie Raum, um zu wirklich wichtigen und wertvollen Dingen Ja sagen zu können. Das bereitet Ihnen selbst vielleicht etwas mehr Freude und damit auch der Organisation, den Kunden und den Anwendern! Wie das Zitat vor dieser Einleitung bereits sagt: »Einfachheit – die Kunst, die Menge nicht getaner Arbeit zu maximieren – ist essenziell.«

Nein sagen ist nicht immer einfach. Nein sagen funktioniert nicht immer auf dieselbe Weise. Und Nein sagen ist auch nicht immer möglich. Deshalb haben wir das Buch *50 Arten, Nein zu sagen* geschrieben. Dieses Buch unterstützt Sie bei einem effektiveren Stakeholder-Management. Es stellt keine Anleitung dar, um *in jeder nur denkbaren Lebenssituation* Nein sagen zu können, und richtet sich vorrangig an Product Owner und Produktmanager.

Dieses Buch will Sie beim Stakeholder-Management unterstützen, denn Stakeholder-Management ist ein schwieriges »Spiel«. Um dieses Spiel gut zu spielen, ist es entscheidend, erfolgreich Nein sagen zu können. Dazu reicht es nicht aus, lediglich Nein zu sagen. Kennen Sie beispielsweise die Bedürfnisse Ihrer Stakeholder? Kennen Sie die Kräfteverhältnisse innerhalb und außerhalb der Organisation? Und – wie viel dürfen Sie eigentlich selbst entscheiden? Ziel dieses Buches ist es, Sie auf praktische Weise dabei zu unterstützen, ein effektives Stakeholder-Management zu etablieren. Zusätzlich erhalten Sie eine Reihe von Tipps, um Ihr Mandat zu erweitern. So lernen Sie, auf eine effektive Weise Nein zu sagen.

Dieses Buch unterstützt Sie beim erfolgreichen Neinsagen. Es geht nicht darum, dass Sie nach der Lektüre dieses Buches zu allen Anfragen Ihrer Stakeholder nur noch Nein sagen. Auch »ja«, »vielleicht« oder »darüber sollten wir erst noch einmal nachdenken« werden Sie weiterhin nutzen. Ein guter Product Owner weiß, was er weiß, aber auch, was er nicht weiß. Das bekannte Zitat »*Seek first to understand, then to be understood*«[1] ist für einen Product Owner äußerst wichtig. Sagen Sie zu den richtigen Dingen Nein, nachdem Sie Ihre Stakeholder verstanden haben. Und sagen Sie zu den richtigen Dingen Ja, nachdem Sie Ihre Stakeholder *genau* verstanden haben. Sorgen Sie dafür, dass Ihnen das »Was« und »Wozu« klar ist, ehe Sie Entscheidungen treffen. Und machen Sie sich das Wissen der Menschen in Ihrem Umfeld zunutze. Lassen Sie sich gut von ihnen informieren und treffen Sie erst dann die richtigen, falschen oder überaus wichtigen Entscheidungen. Ja sagen ist deshalb ebenso wertvoll wie Nein sagen, auch wenn der Fokus dieses Buches vornehmlich auf dem Neinsagen liegt.

1. Anm. d. Übers.: »Erst wenn man den anderen versteht, kann man verstanden werden.« Zitat von Stephen R. Covey.

Das Buch umfasst vier Kapitel und Sie können es auf Ihre eigene Weise lesen. Sie können das Buch einfach von vorn nach hinten lesen, aber auch mit anderen Kapiteln beginnen. Wollen Sie mehr über Konzepte rund um Produktentwicklung, die Product-Owner-Rolle und deren Verantwortlichkeiten wissen, dann sollten Sie mit Kapitel 1 beginnen. Wenn Sie mehr über Stakeholder-Management und verschiedene Typen von Stakeholdern erfahren wollen, dann steigen Sie bei Kapitel 2 ein. Sie wollen etwas über das Konzept des Neinsagens lernen und wissen, weshalb das für Sie wichtig ist und wie Sie es am besten anpacken? Dann lesen Sie Kapitel 3. Vielleicht wollen Sie aber auch direkt in die 50 Facetten von Nein eintauchen und mit ihnen loslegen? Dann ist Kapitel 4 der richtige Einstiegspunkt. Am Ende des Buches finden Sie eine Zusammenfassung und eine Reihe von Anlagen, zum Beispiel eine komplette Übersicht über alle 50 Arten, Nein zu sagen, und eine Vorlage für eine Stakeholder-Map.

Wir wünschen Ihnen viel Freude beim Lesen des Buches und natürlich viel Erfolg beim Anwenden der 50 Arten von Nein in der Praxis!

1
Der Product Owner

»Der Product Owner ist dafür verantwortlich,
den Wert des Produktes zu maximieren,
das aus der Arbeit des Development-Teams entsteht.«

Scrum Guide – Ken Schwaber und Jeff Sutherland –

Projektmanagement oder Produktmanagement?

Arbeiten Sie (als Product Owner) in einer *Projekt(management)*-Organisation oder in einer *Produkt(management)*-Organisation? Die Antwort auf diese Frage ist für Sie von Bedeutung, um Ihre Product-Owner-Rolle (oder Funktion) effektiv auszufüllen. In vielen Organisationen ist die Rolle (oder Funktion) des Product Owners relativ neu. Sie wird oft mit der Rolle eines Projektmanagers verglichen. Dieser Vergleich ist unpassend, weil zwischen einem Product Owner und einem Projektmanager deutliche Unterschiede bestehen.

Viele Organisationen sind auf die Durchführung von Projekten ausgerichtet. Sie bauen eine zeitlich begrenzte Organisation auf, um damit innerhalb einer bestimmten Zeit und eines bestimmten Budgets einen vorab festgelegten Funktionsumfang an die Linienorganisation zu liefern. Umfang, Zeit und Budget sind dann häufig auch die Metriken, mit denen ein Projekt gesteuert und an denen sein Erfolg gemessen wird. Das Fatale daran ist, dass innerhalb einer Projektorganisation das Liefern eines bestimmten Funktionsumfangs innerhalb von Zeit und Budget oft viel wichtiger ist als die Produktnutzung, die Kundenzufriedenheit und die Time-to-Learn (also die eher marktorientierten Facetten, die viel mehr über den Wert des Produkts aussagen).

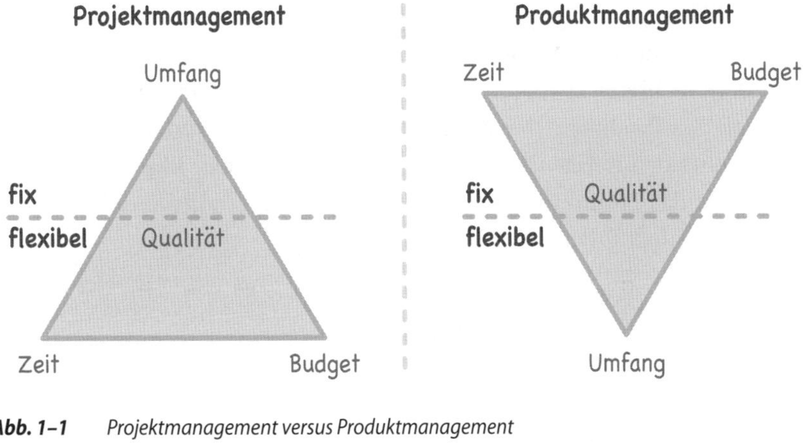

Abb. 1–1 *Projektmanagement versus Produktmanagement*

Abbildung 1–1 zeigt, wie sich der Fokus einer Projektorganisation (steuern nach Zeit und Budget) von dem einer Produktorganisation (steuern nach Wert/Umfang) unterscheidet. Bei der Projektorganisation steht der Umfang fest, während Zeit und Budget flexibel sind (denken Sie an das Verschieben von Projekt-Deadlines oder das Hinzufügen neuer Mitarbeiter zu Projekten). Die Qualität wird dabei (implizit und manchmal auch unbewusst) verhandelbar. In der Produktorganisation sind Zeit und Budget fix. Das wird durch die Arbeit mit festen, stabilen Teams in kurzen Iterationen (Sprints) erreicht. Die Qualität wird durch die sogenannte Definition of Done sichergestellt, die für jedes gelieferte Item eingehalten wird. Und was geliefert wird, ist in einer Produktorganisation flexibel. Der Umfang steht also noch nicht fest. Der Erfolg der Produktorganisation wird über den gesamten Entwicklungszeitraum kontinuierlich auf der Basis von Feedback von Kunden, von Anwendern und aus der Organisation gemessen. In einem solchen Prozess ist eine Steuerung nach Produktnutzung, Kundenzufriedenheit und Time-to-Learn dann auch wertvoller als das Steuern auf Basis von Umfang, Zeit und Budget.

Ein Product Owner kann seine Wirksamkeit am besten in einer Produktorganisation entfalten, denn ein Product Owner ähnelt eher einem *»Produktmanager«* als einem *»Projektmanager«*. Sowohl Product Owner als auch Produktmanager beschäftigen sich mit Dingen wie Produktvision, Strategie, Stakeholder-Management und Produkt-Roadmap. Ein Produktmanager arbeitet häufig mit anderen Abteilungen zusammen, denen die Umsetzung der Anforderungen übertragen wurde. Ein Product Owner hingegen ist Teil eines oder mehrerer cross-funktionaler Scrum-Teams und maximiert aktiv den Wert des Produkts. Der Product Owner kann so tatsächlich Entscheidungen über den Einsatz des Entwicklungsteams treffen. Man könnte auch sagen, dass das Produktmanagement eher einen Funktionsbereich darstellt, während Product Owner eine Rolle ist.

Denkanstöße ...

Man kann beobachten, dass sich viele (Projektmanagement-)Organisationen hin zu Produktorganisationen wandeln. Arbeiten Sie derzeit noch in einer Projektorganisation? Dann denken Sie doch einmal über mögliche Schritte nach, mit denen Sie die Transformation zu einer Produktorganisation gestalten können. Orientieren Sie sich dabei an John Kotters »8-Stufen-Modell«. Einige Fragen, über die es sich nachzudenken lohnt, sind:

- Worin besteht die Notwendigkeit der Veränderung? Warum muss sich etwas verändern?
- In welche Richtung soll sich dann etwas ändern? Und warum gerade in diese Richtung?
- Was passiert, wenn sich nichts verändert?
- Was sind die Chancen und Risiken der Veränderung?
- Wie gestalten Sie die Veränderung messbar?
- Wer kann Sie bei der Umsetzung der Veränderung unterstützen?
- Wer sind die wichtigsten Stakeholder innerhalb der Veränderung?
- Welchen Nutzen bringt die Veränderung den Stakeholdern?
- Wie könnte Ihr erster, kleiner Schritt aussehen?

Zusammenfassung: Als Product Owner in einer Produktorganisation:

- steuern Sie mit Blick auf Mehrwert für Kunden und Anwender;
- messen Sie den Wert kontinuierlich auf Basis von Kundenfeedback und Metriken;
- liefern Sie das Produkt »early and often«;
- arbeiten Sie mit stabilen (Produkt-)Teams;
- legen Sie die Qualität fest (mithilfe der Definition of Done);
- können Sie die Kosten festlegen;
- können Sie Deadlines festlegen;
- arbeiten Sie mit einem flexiblen Umfang.

Tabelle 1–1 fasst die Unterschiede zwischen Projektmanagement und Produktmanagement zusammen.

Projektmanagement	Produktmanagement
Was ist charakteristisch für ein Projekt? ■ Festes Start- und Enddatum ■ Temporäre Organisation ■ Umfang ist vorab festgelegt ■ Budget und Zeit sind flexibel ■ Phasengetriebenes, methodisches Vorgehen (Kick-off, Analyse, Design, Umsetzung, Test, Rollout)	**Was ist charakteristisch für ein Produkt?** ■ Kontinuität (kein vorab festgelegtes Enddatum) ■ Feste, stabile Organisation ■ Flexibler Umfang ■ Budget und Zeit sind fest ■ Empirisches Vorgehen (Überprüfen von Annahmen in kurzen Zyklen durch Liefern von Produkten an Kunden/Anwender und Einholen von Feedback)
Wann ist ein Projekt erfolgreich? Ein Projekt ist erfolgreich, wenn der vorab definierte Umfang innerhalb von Budget und Zeit geliefert wird, sodass ihn die Linienorganisation implementieren kann.	**Wann ist ein Produkt erfolgreich?** Ein Produkt ist erfolgreich, wenn es für Kunden und Anwender wertvoll ist. Der Wert eines Produkts bemisst sich u.a. aus der Produktnutzung, der Kundenzufriedenheit und der Time-to-Market.
Was sind die Steuerungsgrößen im Projektmanagement? ■ Budget und Kosten ■ Umfang ■ Zeit ■ Klare Rollen ■ Ausführliche (langfristige) Planung ■ Phasen, Meilensteine	**Was sind die Steuerungsgrößen im Produktmanagement?** ■ Wert ■ Produktnutzung ■ Kundenzufriedenheit ■ Anwenderzufriedenheit ■ Time-to-Market ■ Time-to-Learn ■ Kunden- und Anwenderfeedback

Tab. 1–1 *Unterschiede zwischen Projektmanagement und Produktmanagement*

Der Product Owner

Ein Product Owner ist der einzige Eigentümer von und Verantwortliche für das Entwickeln, Betreiben und Vermarkten eines Produkts oder einer Dienstleistung. Das wichtigste Ziel dieser Rolle besteht darin, **den Wert des Produkts zu maximieren.** Um dieses Ziel zu erreichen, ist ein passendes Mandat erforderlich. Der Product Owner trifft deshalb die abschließenden Entscheidungen über das Produkt. Um den Wert maximieren und ein erfolgreiches Produkt liefern zu können, wird von einem Product Owner einiges erwartet.

Die Arbeit eines Product Owners beginnt mit dem Erstellen und Verbreiten der Produktvision. Damit wird dem Produkt eine Richtung gegeben. Die Produktvision beschreibt für das Produkt den Punkt am Horizont. Beim Erstellen der Produktvision arbeitet der Product Owner mit verschiedenen Stakeholdern (Menschen, die an dem Produkt interessiert sind, wie Kunden, Anwender, Kollegen, Manager, externe Interessengruppen) zusammen, die häufig eine Vielzahl von Wünschen und Anforderungen an das Produkt haben. Diese Stakeholder effektiv zu managen, ist eine wichtige Aufgabe des Product Owners. Das ist nicht nur deshalb wichtig, weil er die Stakeholder braucht, um seine Vision zu verwirklichen, sondern auch, weil diese ihn dabei unterstützen können, den Wert des Produkts zu maximieren.

Durch effektives Stakeholder-Management inventarisiert der Product Owner die Wünsche und Anforderungen der Stakeholder, um anschließend zu entscheiden, welche davon in das Product Backlog aufgenommen werden. Da man auf jeden Fall vermeiden will, dass das Product Backlog eine endlos lange Wunschliste wird, ist Nein zu sagen hier wirklich wichtig. Das Product Backlog ist die Liste von Ideen, mit denen die Produktvision umgesetzt wird. Im Product Backlog finden sich deshalb sowohl Ideen der Stakeholder als auch eigene Ideen des Product Owners. Eine wichtige, verantwortungsvolle Aufgabe des Product Owners ist das Managen dieses Product Backlog. Der Product Owner entscheidet sowohl darüber, was ins Product Backlog aufgenommen wird, als auch über die Reihenfolge der Einträge. Der Product Owner kann, wenn das erforderlich und/oder gewünscht ist, diese Reihenfolge anpassen. Er sorgt für eine optimale Balance zwischen der Entwicklung neuer Features, Investitionen in Infrastruktur und Architektur, der Ausführung von Wartungsarbeiten und dem Beseitigen von Fehlern. Der Product Owner legt auf diese Weise fest, was am Produkt erweitert oder angepasst werden muss, und beschäftigt sich deshalb auch mit Product Lifecycle Management.

Den Wert eines Produkts zu steigern, kostet Zeit und Geld. Deshalb ist es Aufgabe des Product Owners, Transparenz über die Kosten und Einnahmen des Produkts zu schaffen. Das wird als »Total Cost of Ownership« (welche Kosten entstehen aus dem Besitz des Produkts) und »Return on Investment« (bringt eine Investition in das Produkt mehr ein, als sie kostet?) beschrieben. Der Product Owner ist die wichtigste Verbindung zum Entwicklungsteam, das am Ende den Wert schafft. Das soll nicht heißen, dass alle Kommunikation mit dem Entwicklungsteam ausschließlich über den Product Owner läuft. Er ist keine »Durchreiche« für das Entwicklungsteam! Der Product Owner sorgt vielmehr dafür, dass die Entwicklungsteams die Product-Backlog-Einträge so gut verstehen, dass sie ein funktionierendes Produkt liefern können.

Zusammenfassung: Der Product Owner ...

- legt gemeinsam mit den (Key-)Stakeholdern das »Warum« fest;
- sorgt für eine Produktvision, die dem Produkt eine Richtung gibt;
- ist für das Erstellen, Managen und Sortieren des Product Backlog verantwortlich;
- verfeinert das Product Backlog gemeinsam mit dem Entwicklungsteam und den Stakeholdern;
- organisiert Sprint-Reviews, um in Zusammenarbeit mit den Stakeholdern die Produktentwicklung zu steuern;
- schafft Transparenz über die finanziellen Aspekte des Produkts (Kosten/Erträge);
- erstellt und verwaltet die Releaseplanung (und die Deadlines);
- sorgt für die Maximierung des Produktwerts.

Denkanstöße …

- Welche Verantwortlichkeiten haben Sie als Product Owner?
- Welche Verantwortlichkeiten fehlen in Ihrem Kontext?
- Wie können Sie (mehr) Ownership bezüglich dieser Verantwortlichkeiten übernehmen?

Das Mandat des Product Owners

In Anbetracht der Tatsache, dass der Product Owner für vieles verantwortlich ist, braucht er auch ein dazu passendes Mandat. In der Theorie hat der Product Owner das vollständige Mandat, alle Entscheidungen rund um das Produkt zu treffen. Diese Entscheidungen müssen dann von allen Stakeholdern respektiert werden. Mit anderen Worten: Der Product **Owner** ist ein Entrepreneur und der **Eigentümer** des Produkts.

Inwiefern sind Sie ein solcher Product Owner? Die Wahrscheinlichkeit ist hoch, dass Sie es nicht sind. In der Praxis scheint sich das nämlich viel schwieriger zu gestalten. Organisationen implementieren Scrum und damit die Product-Owner-Rolle auf ihre eigene Weise. Viele Product Owner dürfen zwar das Product Backlog pflegen und ihre Stakeholder managen, doch die wirklichen *Eigentümer* ihres Produkts sind sie häufig nicht. Sie besitzen offenbar kein ausreichendes Mandat und müssen sich zum Beispiel an die (endgültigen) Entscheidungen des Managements und/oder eines Lenkungsausschusses halten.

Wenn Sie Teil eines Geschäftsbereichs von mehr als fünfhundert Kollegen sind, dann können Sie doch auch nicht wie ein Alleinherrscher alles entscheiden?! Oder doch? Im folgenden Abschnitt werden fünf verschiedene Typen von Product Ownern vorgestellt – alle mit unterschiedlichen Verantwortlichkeiten und Mandaten. Finden Sie heraus, zu welchem Typ Product Owner Sie gehören und wie Sie Ihr Mandat vergrößern können.

Denkanstöße …

- Wie groß ist Ihr Mandat, um Entscheidungen zu treffen?
- In welchem Maße wird Ihr (Produkt-)Zeitplan von anderen festgelegt?
- Was können Sie tun, um mehr Ownership zu beweisen, wenn es um Ihr Produkt geht?

Product-Owner-Typen

Die Product-Owner-Rolle wird in Organisationen auf verschiedene Weise implementiert. Die Verantwortlichkeiten und Befugnisse von Product Ownern variieren in der Praxis stark. Zum einen rührt das daher, dass es eine Rolle ist, in die Menschen hineinwachsen müssen. Auf der anderen Seite ist es für viele Organisationen eine neue, unbekannte Rolle und man ist auf der Suche nach dem richtigen Verhältnis von Zuständigkeiten und Mandat. Im Idealfall besitzt ein Product Owner ein umfassendes Mandat und trifft selbst die abschließenden Entscheidungen für das Produkt. In vielen Organisationen ist das jedoch (noch) nicht die Regel. Um Organisationen eine Orientierung zu geben, unterscheidet man zwischen fünf Typen von Product Ownern:

1. Der Schreiber
2. Der Stellvertreter
3. Der Business-Repräsentant
4. Der Sponsor
5. Der Entrepreneur

Abbildung 1–2 zeigt diese verschiedenen Typen von Product Ownern, wobei der Fokus auf den zu erwartenden Vorteilen liegt, die aufgrund des Mandats des Product Owners erreicht werden können. Ein »Schreiber« hat demzufolge wenig Verantwortlichkeiten und Mandat, ein »Entrepreneur« hingegen viel von beidem.

Die Abbildung zeigt den Entwicklungsweg des Product Owners, wie er häufig in Unternehmen zu beobachten ist. Product Owner wachsen in ihrem Mandat, und in gleichem Maße nimmt der Mehrwert der Rolle zu. Dadurch werden Unternehmen ebenfalls mehr Vorteile aus der Einführung von Scrum und der Arbeit mit Product Ownern ziehen. Nachfolgend werden die verschiedenen Typen von Product Ownern näher erläutert und Sie erfahren, wie Sie sich als Product Owner, ausgehend von Ihrem heutigen Mandat, Schritt für Schritt weiterentwickeln können.

Der Schreiber

Dieser Rolle begegnet man häufig in Organisationen, die gerade mit Scrum beginnen oder die agile Denkweise noch nicht vollständig verinnerlicht haben (und deshalb Scrum nicht gut anwenden). Diese Organisationen sehen den Product Owner vorrangig als denjenigen, der das Product Backlog verwaltet, bei den Stakeholdern die Wünsche einsammelt und diese in Form von User Stories an das Entwicklungsteam weitergibt. Dieser Typ Product Owner hat oft kein oder nur ein sehr eingeschränktes Mandat. Ein solcher Product Owner sorgt meist nur dafür, dass die Wünsche der Stakeholder in einer für das Entwicklungsteam verständlichen Sprache ausformuliert werden. In Organisationen, in denen viele Product Owner dieses Typs vorkommen, wurden oft Business-Analysten und Requirement Engineers zu Product Ownern ernannt. Das Mandat liegt dann meistens bei anderen, zum Beispiel bei einem Lenkungsausschuss oder einem Project Management Office (PMO).

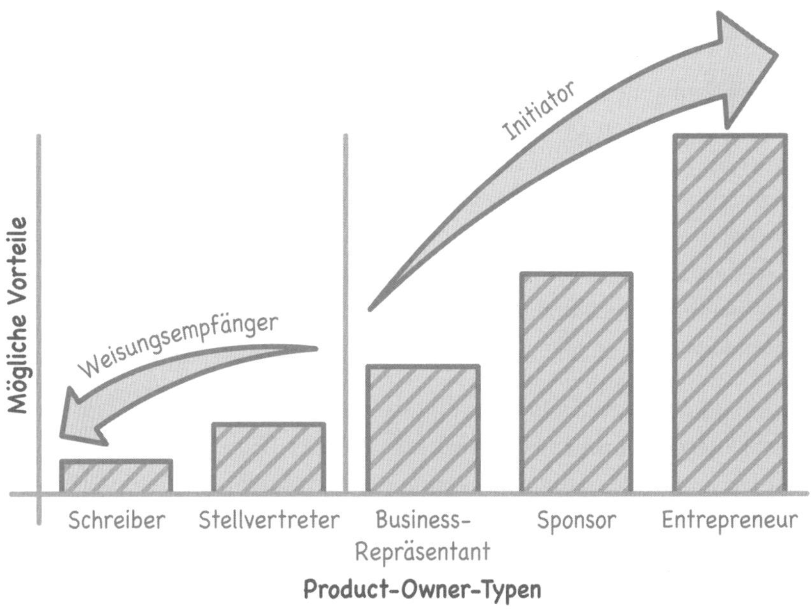

Abb. 1–2 *Typen von Product Ownern*

Der Stellvertreter

Ebenso wie den Schreiber trifft man auch den Stellvertreter oft in Organisationen, die in Bezug auf Agilität und Scrum noch am Anfang stehen. Ein Stellvertreter hat ein größeres Mandat als ein Schreiber. Er darf häufig auch (eingeschränkte) Entscheidungen bezüglich der Reihenfolge der Einträge im Product Backlog treffen. Die Vision, das Ziel, die erwünschten Ergebnisse und der Umfang werden allerdings durch Dritte entschieden, zum Beispiel durch einen Lenkungsausschuss. Als Stellvertreter arbeiten in vielen Organisationen Projektleiter oder Projektmanager, weil sie meist schon die Verantwortung dafür haben, ein Projekt erfolgreich zu Ende zu führen. Sie sind jedoch keine endgültigen Entscheider. Ob Sie ein Stellvertreter sind, können Sie daran erkennen, dass Sie sich immer noch einmal bei jemandem »über« Ihnen rückversichern müssen, dass er mit der getroffenen Entscheidung einverstanden ist.

Der Business-Repräsentant

Der Business-Repräsentant ist meist ein Vertreter aus dem Fachbereich, der den fachlichen Kontext, den Markt, die Kunden und die Anwender gut kennt und aus dieser Erfahrung heraus weiß, was Kunden und Anwender (eventuell) brauchen (könnten). Er ist Experte für die Inhalte des speziellen Fachgebiets. Obwohl der Name »Business-Repräsentant« nahelegt, dass dieser Product-Owner-Typ aus »dem Business« kommt, ist das nicht zwingend notwendig. Es kann genauso gut jemand aus der IT (beispielsweise ein Datenmanager, Architekt oder Sicherheitsexperte) sein, der ein hohes Maß an Wissen über die fachliche Domäne des Produkts erworben hat.

Der Business-Repräsentant hat ein größeres Mandat als der Stellvertreter. Er hat die Endverantwortung für ein Teilprodukt, ein System oder einen Prozess. Innerhalb dieses Systems oder Prozesses darf dieser Product Owner selbst entscheiden, welche Arbeiten durch das Entwicklungsteam ausgeführt werden. Damit ist der Business-Repräsentant für das Product Backlog verantwortlich und darf dieses selbst priorisieren. Allerdings nur innerhalb eines durch jemand anderen bereitgestellten Budgets. Der Business-Repräsentant verfügt also über kein eigenes Budget, weshalb dieser Product-Owner-

Typ sich häufig noch mit einem Lenkungsausschuss oder einem Manager auseinandersetzen muss, der (aktiv) steuert. Der Business-Repräsentant *muss* bestimmte Arbeiten für andere übernehmen.

Der Sponsor

Im Gegensatz zum Business-Repräsentanten verfügt der Sponsor sehr wohl über ein eigenes Budget. Das ist dann auch der größte Unterschied zwischen den beiden. Außer der Budgetverantwortung sind die Mandate beider Product-Owner-Typen weitestgehend vergleichbar. Sponsoren sind in erster Linie häufig Manager aus dem Fachbereich oder der IT. Da Sponsoren über ein eigenes Budget verfügen, haben sie auch mehr Möglichkeiten, das Entwicklungsteam bei Bedarf zu vergrößern oder zu verkleinern. Über Derartiges kann man zum Beispiel nachdenken, wenn ein großer Erfolg erzielt wurde und man deshalb ein zweites oder drittes Team hinzufügen möchte (damit ist jedoch nicht gemeint, dass man bei jedem Sprint die Zusammensetzung seines Teams verändern kann oder will). Sponsoren können so für eine Beschleunigung oder Verlangsamung der Entwicklungen sorgen und haben großen Einfluss auf den Return on Investment und die Total Cost of Ownership des Produkts, da sie selbst direkt Budgetfragen klären können.

Der Entrepreneur

Der letzte Product-Owner-Typ wird »Entrepreneur« genannt. Manchmal wird diese Rolle auch als »Mini-CEO« bezeichnet. Dieser Product-Owner-Typ kann von allen fünf Typen die größte Wirksamkeit für Kunden, Anwender und das Unternehmen entfalten. Der Entrepreneur übernimmt die volle Verantwortung für das Produkt bei vollständigem Mandat über das Produkt. Der Entrepreneur ist jemand mit einer starken Vision hinsichtlich des Markts und Produkts, jemand mit einer Leidenschaft für das Produkt und starker Führungs- und Kommunikationskompetenz. Entrepreneure tragen die Endverantwortung für das Produkt und sind damit auch verantwortlich für Gewinn und Verlust. Neben der Entwicklung des Produkts verantworten sie auch seine Vermarktung.

Mit Verantwortung und Mandat wachsen

Es existieren also fünf Product-Owner-Typen. Nun können Sie selbst einschätzen, welcher Typ Product Owner Sie sind. Vergessen Sie dabei nicht, dass Ihre (hierarchische) Funktion innerhalb der Organisation nur zum Teil festlegt, zu welchem Typ Sie gehören. Haben Sie eine Managementfunktion? Dann besitzen Sie vermutlich auch mehr Mandat. Das kann Ihnen helfen, schneller zu wachsen, ist aber keine zwingende Voraussetzung. Mandat wird nämlich nicht allein durch Ihre Funktion, sondern vor allem durch Ihre Art zu agieren bestimmt. *Also durch Verhalten!* Mandat »bekommt« man nicht, man erwirbt es sich, indem man Verantwortung übernimmt.

Aber wie können Sie nun mehr Verantwortung übernehmen? Das ist eigentlich recht einfach. Übernehmen Sie doch schrittweise mehr Verantwortung für den Erfolg des Produkts. Entwickeln Sie beispielsweise die Produktvision und verbreiten Sie diese aktiv. Arbeiten Sie aktiv mit den Key-Stakeholdern zusammen. Zeigen Sie, dass Sie für Kunden und Anwender Wert hinzufügen. Und behalten Sie die Kosten im Griff. Machen Sie all diese Dinge transparent, sodass klar wird, dass Sie Ihre Verantwortlichkeiten wahrnehmen. Handeln Sie proaktiv, statt abzuwarten, bis jemand anderes diese Dinge angeht. Mit anderen Worten: Ergreifen Sie die Initiative. Auf diese Weise verschaffen Sie sich mehr Freiraum und erweitern Ihr Mandat. Erfolgreiche Product Owner übernehmen Verantwortung. In vielen Fällen haben auch diese Product Owner einmal als Schreiber oder Stellvertreter angefangen und sich in der Folge zu Entrepreneuren entwickelt.

Der Begriff »Product Owner« kommt nicht von ungefähr. Im Namen dieser Rolle steckt das Wort »Eigentümer«. Und Eigentümerschaft oder Ownership ist dann auch genau das, was Sie zeigen müssen. Und dabei geht es nicht nur um Dinge wie Produktvision, Product Backlog und Finanzen, sondern vor allem um Ihre Haltung und Ihr Verhalten. Halten Sie sich deshalb ruhig regelmäßig selbst einen Spiegel vor. Haben Sie alles getan, um das Produkt zu verbessern? Wurden eventuelle Rückschläge allein durch andere verursacht, oder hätten Sie selbst etwas anders machen können?

Denkanstöße ...

- Welche Art Product Owner sind Sie? Und welches Mandat haben Sie?
- Was könnten Sie anders machen, um Ihr Mandat zu vergrößern?
- An welcher Stelle könnten Sie mehr Ownership zeigen? Wie sieht es mit Ihrer Veränderungsbereitschaft aus? Arbeiten Sie vorwiegend in Ihrer Komfortzone? Oder verlassen Sie diese eher?
- Folgen Sie der allgemeinen Tendenz, nach internen KPIs zu steuern? Oder machen Sie sich davon frei und steuern nach Kundenerfolg?
- Warum laufen die Dinge so, wie sie laufen? Warum werden Fehler gemacht? Wie kommt es, dass das Entwicklungsteam die »verkehrten« Dinge liefert? Wie oft benutzen Sie »Ja, aber ...« pro Tag? Ist jemand anderes schuld? Was können Sie selbst tun, um Ihr Entwicklungsteam noch erfolgreicher zu machen?
- Wie gut ist das Verhältnis zu Ihren (Key-)Stakeholdern? Wie häufig sprechen Sie mit ihnen? Wie gut kennen Sie deren Belange und wissen, was sie antreibt? Verstehen Sie, weshalb der »nervige« Stakeholder so »nervig« ist? Was können Sie für ihn oder sie anders machen? Wie könnten Sie die Verbindung zu diesem Stakeholder aufbauen?
- Wie reagieren Sie auf Feedback? Ist Feedback anstrengend? Oder gar nervig? Oder sind Sie dankbar dafür? Und – sind Sie offen für Feedback, sodass Sie die Belange, Perspektiven und Wünsche Ihrer Stakeholder besser verstehen können?
- Inwieweit glauben Sie wirklich an die Ausrichtung Ihrer Organisation und an Ihr Produkt? Und – inwiefern kommunizieren Sie das auch proaktiv?

Ihr Mandat vergrößern Sie schrittweise, indem Sie neue Dinge tun, etwas ausprobieren und indem Sie üben. Wir Menschen sind von Natur aus gut darin, vor allem im Privatleben. Welche Eltern werden ihr Kind für einen Marathon anmelden, nachdem es die ersten Schritte gemacht hat? Das ist zu früh und funktioniert so nicht. Dasselbe gilt für Ihr Mandat. Sie können von Ihrer Organisation nicht erwarten, dass Sie von Ihrem ersten Tag an als Product Owner sofort Entrepreneur sind. Das ist etwas, das Sie schrittweise aufbauen, indem Sie Ownership sowohl für das Produkt als auch für Ihre eigene Haltung und Ihr Verhalten übernehmen. Um Sie dabei zu unterstützen, gibt es am Ende des Buches noch einen kleinen Bonus: »Die Neins, um Ihr Mandat zu erweitern«.

Indem Sie Ownership übernehmen, eröffnen Sie sich Möglichkeiten, mehr Mandat zu erhalten. Weiter oben in diesem Kapitel wurde geschrieben, dass es vielleicht unmöglich ist, in einem Geschäftsbereich mit fünfhundert Kollegen als Alleinherrscher zu agieren. Das ist natürlich nie eine gute Idee … aber wenn Sie Ownership übernehmen, können Sie als Entrepreneur in einem solchen Bereich hervorragend die Richtung für Ihr Produkt vorgeben und in Zusammenarbeit mit Stakeholdern und Entwicklungsteams dessen Wert maximieren. Durch gute Kommunikation, Transparenz und Zusammenarbeit eröffnen Sie sich die Möglichkeit, Ihr Mandat zu erweitern.

Denkanstöße …

- Was ist die Mission Ihres Produkts? Was ist das Versprechen, das Sie einlösen wollen?
- Was ist Ihre persönliche Mission? Was wollen Sie erreichen?
- Inwieweit kommunizieren Sie das aktiv? Zeigen Sie hier Ownership?
- Inwieweit lassen Sie Ihr Ego außer Acht? Und in welchem Maße sind Sie offen für Ihr Gegenüber?

2
Stakeholder-Management

»Behandle unterschiedliche Kunden unterschiedlich.«[1]

– Jos Burgers –

1. Aus dem Niederländischen von Rolf Dräther.

Was sind Stakeholder?

Stakeholder und Stakeholder-Management sind untrennbar mit der Arbeit eines Product Owners verbunden. Schließlich entwickeln Sie als Product Owner ein Produkt für andere und zusammen mit anderen. Dabei kommen Sie mit den unterschiedlichsten Interessengruppen innerhalb und außerhalb der Organisation in Kontakt. Aber was sind Stakeholder? Wer sind Ihre Stakeholder? Und wie gehen Sie mit ihnen um? Um diese Fragen soll es im Folgenden gehen.

Eine Definition des Begriffs *Stakeholder* lautet:

> ***Stakeholder sind Personen oder Gruppen von Personen, die ein direktes oder indirektes Interesse an der Organisation haben – und/oder umgekehrt. Es sind Personen, Organisationen oder Instanzen, die auf die eine oder andere Weise ein Interesse am Entwickeln und/oder Liefern von Produkten und Dienstleistungen der Organisation haben.***

Quelle: Paul Stamsnijder – Stakeholdermanagement. Start met wie[2]

Als Product Owner sind Sie mit einem breiten Spektrum von Stakeholdern konfrontiert. Einen Teil davon können Sie sehr einfach identifizieren. Das sind zum Beispiel (potenzielle) Kunden und Anwender. Diese Stakeholder haben ein deutliches Interesse an Ihrem Produkt oder Ihrer Dienstleistung (sie werden es/sie schließlich abnehmen und/oder benutzen). Stakeholder, wie ein direkter Manager oder direkte Kollegen, sind oft auch noch recht einfach zu erkennen. Ein Manager zum Beispiel hat an Ihrem Produkt oder Ihrer Dienstleistung ein Interesse aus einer Umsatz-, Kosten-, Entwicklungs- oder administrativen Perspektive. Die Kollegen sind vielfach an der Umsetzung oder dem Zustandekommen des Produkts beteiligt.

2. Aus dem Niederländischen von Rolf Dräther.

Es gibt allerdings auch Stakeholder-Gruppen, die Ihnen vielleicht nicht so ohne Weiteres einfallen oder die schwieriger zu identifizieren sind. Das sind Gruppen, die kein (direktes) Interesse zu haben scheinen oder nur ein geringes Interesse an Ihrem Produkt oder Ihrer Dienstleistung zeigen. Beispiele dafür sind Behörden, gesellschaftliche Organisationen oder Presse und Medien. Vielleicht sind diese Beispiele zufälligerweise in Ihrem Umfeld gerade sehr klar erkennbare Stakeholder, doch auf viele Product Owner trifft das nicht zu. Denken Sie auch an Manager aus anderen Geschäftsbereichen, die keinerlei Interesse an Ihrem Produkt zu haben scheinen und doch unvermittelt auftauchen. Derartige Gruppen übersehen Sie vielleicht. Dadurch sind diese Gruppen von Stakeholdern schwieriger zu benennen. Es kann auch passieren, dass sich solche Gruppen selbst zu Stakeholdern ernennen. Aus Ihrer Perspektive scheinen diese Stakeholder geringes Interesse am Produkt zu haben, wodurch es gut möglich ist, dass Sie sie vergessen. Um zu verhindern, dass Sie als Product Owner von einer dieser unerwarteten Stakeholder-Gruppen überrascht werden, müssen Sie sorgfältig über diese speziellen Zielgruppen nachdenken.

Sehen Sie sich als Product Owner deshalb gut um. Behalten Sie die Umgebung im Auge und schauen Sie, ob neue Interessenten auftauchen. Das kann auch außerhalb Ihrer eigenen Organisation der Fall sein. Stakeholder gibt es somit in vielen verschiedenen Ausprägungen – mit großem Interesse, mit geringem Interesse, mit direktem und indirektem Interesse, sowohl interne als auch externe. Im folgenden Abschnitt wird näher auf Stakeholder-Typen eingegangen. Anschließend erfahren Sie, wie Sie Ihre Stakeholder auf übersichtliche Weise gruppieren können.

Stakeholder-Typen

Im Buch *Stakeholdermanagement. Start met wie* von Paul Stamsnijder werden Stakeholder in 33 verschiedene Typen unterteilt. Diese sind nachfolgend aufgelistet. Ein Teil dieser Stakeholder ist für Sie als Product Owner relevant. Andere sind in Ihrem Umfeld wahrscheinlich nicht von Bedeutung. Nutzen Sie diese Liste vor allem als Inspirationsquelle.

#	Stakeholder-Typ	Bedeutung für die Organisation
1	Kunden	Umsatz
2	Potenzielle Kunden	Zukünftiger Umsatz
3	Mitarbeiter	Zeit, Kenntnisse, Arbeit
4	Ehemalige Mitarbeiter	Gesellschaftliche Unterstützung
5	Aktionäre	Finanzierung
6	Betriebsrat	Interne Basis
7	Kundenbeirat	Externe Basis
8	Aufsichtsrat	Kontrolle
9	Staat	Gesetzgebung, Infrastruktur
10	Partner	Netzwerk
11	Politik	Gesellschaftliche Basis
12	Management (inkl. CxO-Rollen)	Führung
13	Konkurrenz	Herausforderung
14	Presse	Positive Wahrnehmung, basierend auf Tatsachen
15	Neue Talente	Zukunft
16	Lieferanten	Rohstoffe, Produkte, Dienstleistungen
17	Interessenvertretungen	Einfluss

→

#	Stakeholder-Typ	Bedeutung für die Organisation
18	Gesellschaftliche Organisationen	Wertschätzung, Basis
19	Wissenschaftler	Bestätigung, Einsichten, Erkenntnisse
20	Kreative Geister	Innovation
21	Anwohner	Lebensqualität, Akzeptanz
22	Aufsichtsbehörden	Legitimation
23	Gewerkschaften	Vertretung
24	Nichtregierungsorganisationen (NGOs)	Gesellschaftliche Basis
25	Nutzer sozialer Medien (u.a. Blogger)	Tuchfühlung zum Zeitgeist, positive Wahrnehmung
26	Universitäten	Forschung, Quelle neuer Talente
27	Analysten	Finanzielle Wertschätzung
28	Wirtschaftsprüfer	Prüfung/Bestätigung der Geschäftszahlen, Transparenz
29	Vertriebspartner	Reichweite
30	Wissenschaftliche Vereinigung	Wissenschaftliche Legitimation
31	Designer	Visuelle Identität, passendes Design
32	Berater	Spezialwissen, Benchmarks
33	Kinder	Zukunftsbeständigkeit

Tab. 2–1 *Stakeholder-Typen*
Quelle: Paul Stamsnijder, Stakeholdermanagement. Start met wie

Praxistipp

In der oben stehenden Tabelle steht bei Nummer 12 hinter Management »inkl. CxO-Rollen«. Dabei handelt es sich beispielsweise um den CEO (Chief Executive Officer), CFO (Chief Financial Officer), CTO (Chief Technology Officer), CIO (Chief Information Officer) usw. Betrachten Sie diese Menschen nicht als eine einzige Rolle! Achten Sie darauf, dass Sie zwischen dem CEO, CFO und CTO unterscheiden, denn jeder von ihnen hat andere Interessen und unterschiedlichen Einfluss. Benennen Sie diese (und andere Management-)Stakeholder in Ihrer Stakeholder-Map deshalb einzeln (mit Name und Funktion), falls sie Stakeholder Ihres Produkts sind.

Interessen und Einfluss

Die genannten Stakeholder-Typen können Ihnen als Inspiration dienen, um Ihre eigenen Stakeholder zu finden. Nachdem Sie diese identifiziert haben, geht es nun darum, das Maß an Engagement und Einfluss dieser Stakeholder zu veranschaulichen. Üblicherweise wird dazu das Verhältnis zwischen dem Umfang an Interesse und dem Maß an Einfluss, das ein Stakeholder besitzt, verwendet. Stakeholder haben eine Menge Wünsche, Anforderungen und Probleme, die gewaltig divergieren können. Was für den einen Stakeholder eine sehr wertvolle Anforderung ist, das liefert dem anderen möglicherweise überhaupt nichts. Unterschiedliche Stakeholder-Typen zu erkennen, ist deshalb entscheidend, um Stakeholder-Management effektiv betreiben zu können – vor allem dann, wenn Sie nach der Lektüre dieses Buches gewillt sind, häufiger Nein zu sagen. Denn nicht jede Art Nein passt zu jedem Stakeholder-Typ. Es wird Ihnen in der Praxis helfen, wenn Sie sich einen Überblick über Ihre Stakeholder verschaffen. Das Verhältnis zwischen Interesse und Einfluss bestimmt dabei, ob Sie mit einem Stakeholder besonders eng zusammenarbeiten müssen oder eher etwas Abstand halten können.

Interessen der Stakeholder

Stakeholder haben sehr oft unterschiedliche Interessen an Ihrem Produkt, somit kann man verschiedene Arten von Interessengruppen definieren:

- Stakeholder, die ein positives Interesse an Ihrem Produkt haben – sie wollen, dass das Produkt ein Erfolg wird, z.B. Kunden und Anwender.
- Stakeholder, die ein negatives Interesse an Ihrem Produkt haben – sie wünschen, dass Ihr Produkt kein Erfolg wird. Denken Sie beispielsweise an eine Abteilung, die dann nicht mehr gebraucht wird oder der Ihr Produkt die Arbeit wegnimmt.
- Stakeholder, die ein Interesse an Ihrem Team, jedoch weniger an Ihrem Produkt haben, z.B. Ihre eigenen Führungskräfte oder die Ihres Entwicklungsteams.
- Stakeholder, die persönliche Interessen oder eigene Abteilungsinteressen haben, jedoch eher wenig Interesse an Ihrem Produkt. Das kann ein Operations Manager sein, der seine eigenen KPIs in Ordnung halten und verhindern will, dass zusätzlicher Aufwand oder Druck auf seine Abteilung bzw. sein Team zukommt.
- Stakeholder, an denen Sie als Product Owner ein Interesse haben. Das können Lieferanten, Partner sowie staatliche und gesellschaftliche Instanzen sein.

Wenn Sie die unterschiedlichen Interessen Ihrer Stakeholder gut kennen, hilft Ihnen das, eine bessere Beziehung zu ihnen aufzubauen. Und es hilft Ihnen auch, sie effektiver zu managen, denn Sie können so in Ihrer Kommunikation besser auf die Perspektive des jeweiligen Stakeholders eingehen.

Einfluss der Stakeholder

Den Einfluss von Stakeholdern kann man in *formellen* und *informellen* Einfluss unterteilen. Es gibt Stakeholder, die aufgrund ihrer formellen, hierarchischen Position Einfluss haben bzw. Einfluss geltend machen können, z. B. Stakeholder auf Management- oder Vorstandsebene. In vielen Organisationen müssen Product Owner den Anweisungen von Führungskräften, die diese Art von Einfluss ausüben, Folge leisten. Neben diesen formellen Führungskräften gibt es auch noch andere Menschen, die (informelle) Führung wahrnehmen, wodurch sie sich einen bestimmten Status oder eine Reputation unter den Kollegen erworben haben. Dann handelt es sich eher um eine informelle Form von Einfluss. Sicher fällt Ihnen sofort jemand ein, der keinerlei Managementfunktion innehat und doch alles innerhalb der Organisation geregelt bekommt. Auch diese Stakeholder sollten Sie gut im Blick haben.

Stakeholder-Map

Einflussreiche Stakeholder können der Entwicklung Ihres Produkts ihren Stempel aufdrücken, unabhängig davon, ob sie formellen oder informellen Einfluss besitzen. Deshalb ist es für Sie als Product Owner hilfreich, wenn Sie einen Überblick über den Einfluss und die Interessen Ihrer Stakeholder haben. Sie erhalten eine Übersicht über Ihr Stakeholder-Feld, indem Sie die Stakeholder mittels der Stakeholder-Map gruppieren. Auf Basis dieser Informationen entscheiden Sie, wie Sie mit Ihren Stakeholdern umgehen.

Praxistipp

Versuchen Sie beim Kartieren der Stakeholder-Typen so viele Namen wie möglich zu benutzen. Es ist zum Beispiel leicht gesagt, dass »Finanzen« Ihr Stakeholder ist. Doch wenn die Abteilung Finanzen fünfunddreißig Mitarbeiter umfasst, haben dann alle fünfunddreißig ein und dasselbe Interesse an Ihrem Produkt? Oder geht es vielmehr um »Peter, den Finanz-Controller«, den Einzigen, mit dem Sie wirklich rund um dieses Produkt zu tun haben?

Praxistipp

Erstellen Sie die Stakeholder-Map zum Beispiel gemeinsam mit einem Scrum Master oder einem (Agile) Coach. Diese Person kann Ihnen beim Ausfüllen der Map Fragen stellen, sodass Sie noch kritischer darüber nachdenken, wo Sie welchen Stakeholder platzieren.

In Abbildung 2–1 sehen Sie ein Beispiel für eine Stakeholder-Map, in der Sie Ihre Stakeholder verorten können.

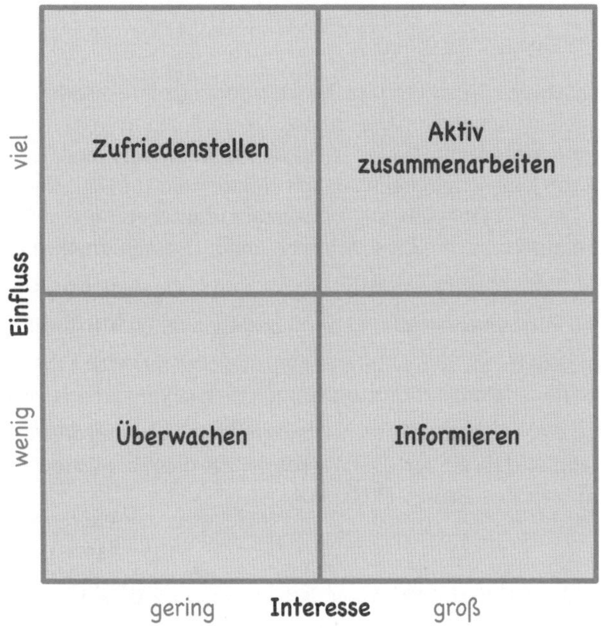

Abb. 2–1 *Stakeholder-Map*

In der Stakeholder-Map können Sie die Stakeholder einer der folgenden Gruppen zuordnen:

1. Stakeholder mit geringem Interesse und wenig Einfluss
2. Stakeholder mit geringem Interesse und viel Einfluss
3. Stakeholder mit großem Interesse und wenig Einfluss
4. Stakeholder mit großem Interesse und viel Einfluss

Am Ende dieses Buches finden Sie eine leere Stakeholder-Map, mit der Sie sofort loslegen können.

Denkanstöße …

Wahrscheinlich sind Sie als Product Owner in der Lage, Ihre direkten Stakeholder relativ schnell zu benennen. Aber haben Sie auch schon über Ihre indirekten Stakeholder nachgedacht? Häufig ist zu beobachten, dass direkte Stakeholder im Auftrag von jemand anderem handeln. Nehmen wir zum Beispiel den Finanz-Controller. Dieser Stakeholder steht hierarchisch gesehen unter dem CFO, und dieser hat natürlich auch eigene Wünsche und Interessen. Denken Sie deshalb einmal über folgende Fragen nach:

- Wer sind Ihre Stakeholder? Und worin bestehen deren Mandate?
- Was sind die Wünsche/Bedürfnisse Ihrer Stakeholder? Wann sind diese Stakeholder erfolgreich? Und wie können Sie zu ihrem Erfolg beitragen?
- Wer sind die Stakeholder hinter den Stakeholdern? Was sind deren Interessen? Und wann sind sie erfolgreich? Wie können Sie diese indirekten Stakeholder unterstützen, ihre Ziele zu erreichen?

Die Stakeholder-Map in Abbildung 2–1 liefert eine Anleitung für das Stakeholder-Management. Bei den Facetten von Nein haben wir die jeweiligen Stakeholder-Gruppen so platziert, wie diese uns in der Praxis am häufigsten begegnen. Natürlich kann das in Ihrem Umfeld etwas anders aussehen, deshalb vergessen Sie nicht, dass diese Zuordnung nicht in Stein gemeißelt ist.

Stakeholder mit geringem Interesse und wenig Einfluss

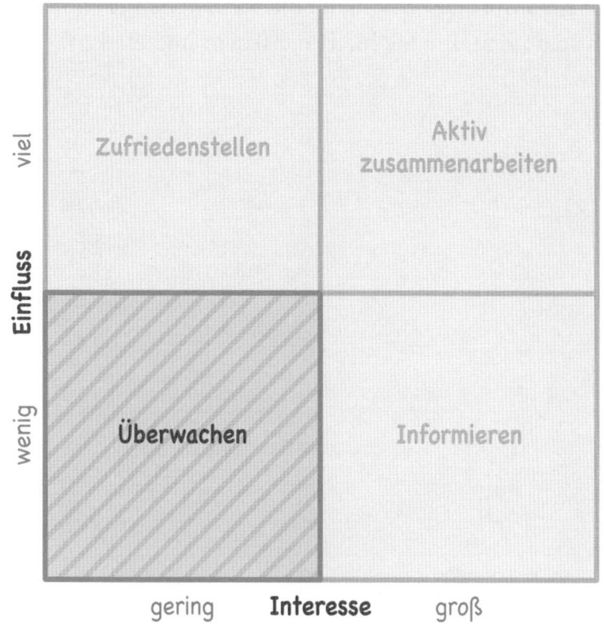

Abb. 2–2 *Stakeholder mit geringem Interesse und wenig Einfluss*

Dieser Stakeholder-Gruppe wollen Sie als Product Owner so wenig Zeit wie möglich widmen, denn diese Gruppe von Menschen hat nur geringes Interesse an Ihrem Produkt und/oder dessen Erfolg. Zudem haben diese Menschen wenig Einfluss auf Sie, Ihr Team und/oder Ihr Produkt oder Ihre Dienstleistung. Die Strategie für das Stakeholder-Management ist deshalb ***Überwachen***.

Sie sollten diese Gruppe im Auge behalten und ab und zu überprüfen, ob sich etwas verändert hat, denn es kann passieren, dass Personen aus dieser Gruppe in eine der anderen Stakeholder-Gruppen wandern. Vielleicht steigt ihr Interesse an Ihrem Produkt oder ihr Einfluss wächst. Dadurch werden diese Stakeholder wichtiger. Neben dem Überwachen sollten Sie diese Stakeholder-Gruppe vielleicht auch informieren. Dazu sind Blogs, Intranet-Artikel,

Newsletter oder Videos gut geeignet. Da sich diese Stakeholder-Gruppe durch sehr geringes Interesse bei gleichzeitig geringem Einfluss auszeichnet, werden Sie Ihren Zeitaufwand für diese Gruppe beschränken. Entscheiden Sie sich deshalb für Informationskanäle, die Sie bereits für andere Stakeholder nutzen. Das spart Zeit und Sie bleiben effizient und effektiv.

Stakeholder mit geringem Interesse und viel Einfluss

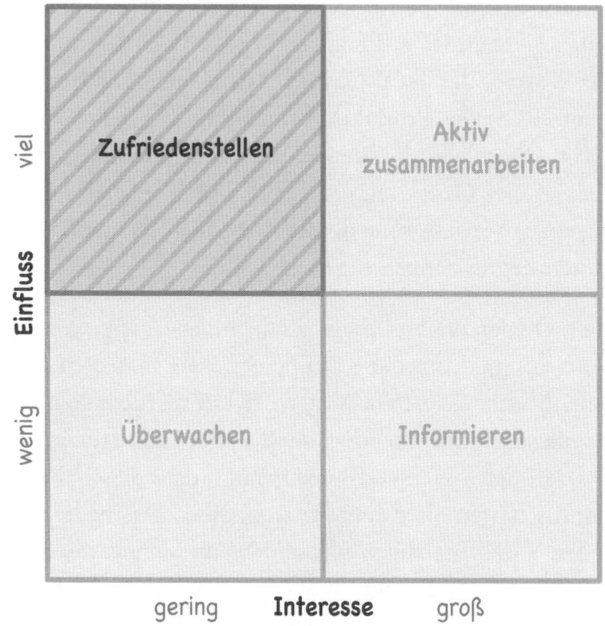

Abb. 2–3 *Stakeholder mit geringem Interesse und viel Einfluss*

Der Stakeholder-Gruppe mit geringem Interesse und viel Einfluss möchten Sie als Product Owner ebenfalls möglichst wenig Zeit widmen, denn diese Gruppe hat kaum Interesse an Ihrem Produkt – weder im positiven noch im negativen Sinne. Allerdings haben diese Stakeholder viel Einfluss und damit möglicherweise auch viel Einfluss auf Sie, Ihr Team und Ihr Produkt oder Ihre Dienstleistung. Die Stakeholder-Management-Strategie für diese Gruppe ist deshalb ***Zufriedenstellen.***

Solange diese Stakeholder-Gruppe mit den für sie relevanten Ergebnissen zufrieden ist, hört und sieht man von ihnen meistens nichts. Diese Stakeholder sind in der Regel an den Auswirkungen Ihres Produkts oder Ihrer Dienstleistung auf ihre Abteilung, ihr Team oder ihren Geschäftsbereich interessiert. Und sollte wirklich etwas schiefgehen, dann wissen sie Sie schon zu finden. Um diese Gruppe Stakeholder effektiv managen zu können, müssen Sie diese in erster Linie über die für sie relevanten KPIs auf dem Laufenden halten. Erzählen Sie diesen Stakeholdern also nicht, wie toll Ihr Produkt ist oder welche neuen Funktionalitäten Sie implementiert haben, sondern welchen Einfluss Ihr Produkt auf die für sie relevanten Metriken hat. Mit anderen Worten: Geben Sie dem Chief Financial Officer (CFO) Einblick in die Entwicklung der Kosten, der Total Cost of Ownership (TCO) und des Return on Investment (ROI) des Produkts. Verschaffen Sie dem Chief Marketing Officer (CMO) Überblick über den Erfolg der Marketingkampagnen. Und zeigen Sie dem Chief Operating Officer (COO) vor allem, dass die neuen Entwicklungen zur Verbesserung der Effizienz beitragen und weniger manuelle Arbeit und/oder Störungen zur Folge haben.

Viele Product Owner erleben diese Stakeholder-Gruppe als anstrengend. Und unter uns gesagt – um diese Gruppe effektiv managen zu können, ist eine Portion politisches Geschick von Vorteil. Außerdem sollten Sie nie vergessen, dass diese Stakeholder Sie auch dabei unterstützen können, Ihr Mandat zu vergrößern. Wenn es Ihnen gelingt, dass diese Menschen zufrieden sind, dann schaffen Sie Raum für sich selbst. Das bedeutet nicht, dass Sie ihnen jeden Wunsch erfüllen müssen! Wenn Sie das täten, könnten Sie vermutlich nicht ein Maximum an Wert für Kunden, Anwender und die Organisation schaffen. Es bedeutet vor allem, dass Sie zu diesen Stakeholdern eine gute Beziehung aufbauen und pflegen. Ergründen Sie, was sie antreibt, lernen Sie ihre Interessen kennen. Versuchen Sie zu verstehen, was diese Stakeholder erreichen wollen und müssen. Und begreifen Sie auch, wofür sie »bezahlt« werden. Mit diesem Wissen können Sie diese Stakeholder viel besser informieren, unterstützen und letztendlich auch beeinflussen.

Stakeholder mit großem Interesse und wenig Einfluss

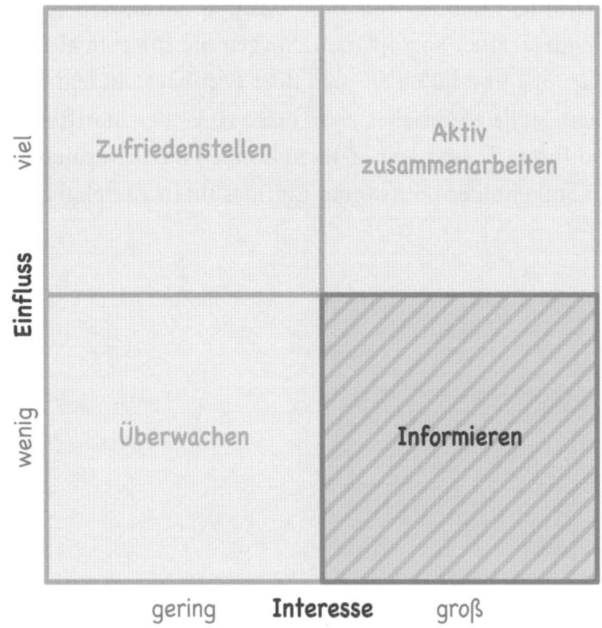

Abb. 2–4 *Stakeholder mit großem Interesse und wenig Einfluss*

Diese Stakeholder haben ein großes Interesse am Funktionieren und am Erfolg Ihres Produkts und/oder Sie haben ein großes Interesse an ihnen. Diese Stakeholder-Gruppe verfügt jedoch über relativ wenig Einfluss, um erfolgreich eingreifen und Dinge wirklich verändern zu können. Deshalb brauchen diese Stakeholder häufig formale Prozesse, Prozeduren oder Besprechungen, z.B. für Eskalationen oder Beschwerden, um Dinge in Bewegung zu bringen. Die Strategie für das Stakeholder-Management für diese Gruppe ist deshalb ***Informieren.***

Sie sollten diese Stakeholder aktiv über (neue) Entwicklungen auf dem Laufenden halten und adäquat in die Entwicklung des Produkts einbeziehen. Zu dieser Gruppe gehören in der Regel Anwender, Anwendervertretungen und Kunden. Ob diese Strategie aufgeht oder nicht, müssen Sie für Ihre konkrete Situation selbst entscheiden. Häufig funktioniert es gut, diese Gruppe regelmäßig zum Beispiel mit Newslettern, Blogs und Videos zu informieren. Darüber hinaus können Sie diese Stakeholder bei Sprint-Reviews, Produktdemos, Anwendertests und Brainstormings einbeziehen. Achten Sie auf jeden Fall darauf, proaktiv auf diese Gruppe zuzugehen und regelmäßig wiederkehrende Treffen einzuplanen. Sorgen Sie für eine aktive Beziehung mit dieser Gruppe und holen Sie sich dort Feedback. Indem Sie die Treffen vorher planen, stellen Sie sicher, dass diese zu Zeiten stattfinden, an denen es Ihnen und Ihrem Team passt. Zudem können Sie so verhindern, dass eine Gruppe von Stakeholdern mit wenig Einfluss Ihren Zeitplan bestimmt.

Stakeholder mit großem Interesse und viel Einfluss

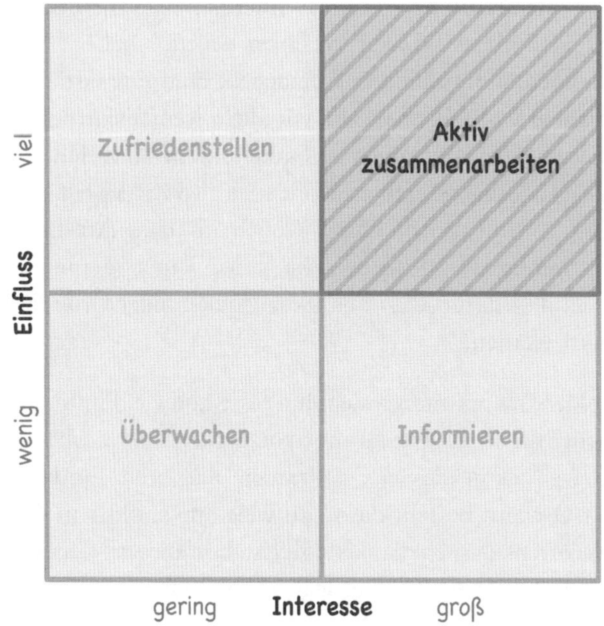

Abb. 2–5 *Stakeholder mit großem Interesse und viel Einfluss*

Die Stakeholder-Gruppe mit großem Interesse und viel Einfluss ist für Sie als Product Owner die wichtigste Zielgruppe. Diese Stakeholder haben nicht nur ein großes Interesse am Erfolg Ihres Produkts, sondern zudem viel Einfluss, um diesen Erfolg mitzubestimmen. Die Stakeholder-Management-Strategie für diese Gruppe ist deshalb ***Aktiv zusammenarbeiten.***

Sie sollten diese Gruppe gut informieren, aktiv einbeziehen und dafür sorgen, dass diese Stakeholder wirklich wissen, was läuft. Sie sollten ihnen eine Stimme geben, sie mitdenken und mitbestimmen lassen. Zusammen mit diesen Stakeholdern arbeiten Sie zum Beispiel aktiv an der Produktvision, der Produktstrategie, der Produkt-Roadmap und dem Product Backlog. Gemeinsam legen Sie fest, was wichtig ist und was nicht. Zusammen bestimmen Sie den Wert, schätzen die Risiken ein und setzen Ziele und Deadlines.

Es ist von entscheidender Bedeutung, die Beziehungen zu diesen Stakeholdern so gut wie nur möglich zu gestalten. Und es ist wichtig, ihr Vertrauen und ihre Unterstützung zu gewinnen. Diese Stakeholder verfügen oft auch über sehr viel (hierarchischen) Einfluss innerhalb der Organisation. Mit diesem (formalen) Einfluss können sie Ihnen *wirklich* helfen. Versuchen Sie, diese Stakeholder zu Botschaftern zu machen. Eine gute Beziehung zu ihnen kann sich als sehr wertvoll erweisen, vor allem wenn Sie in schwierigen Zeiten mit Rückschlägen, unbequemen Stakeholdern oder sich widerstreitenden Interessen zu kämpfen haben. Wollen Sie also zur Mehrheit Ihrer Stakeholder effektiv Nein sagen können? Wollen Sie, dass Ihre Entscheidungen mitgetragen werden? Und wollen Sie dabei Unterstützung bekommen? Dann tun Sie alles dafür, dass aus dieser Stakeholder-Gruppe Botschafter Ihres Produkts werden.

Die Stakeholder-Gruppe mit großem Interesse und viel Einfluss ist für Sie als Product Owner die wichtigste Gruppe von Stakeholdern. Überlegen Sie deshalb genau, wen Sie in diesem Quadranten platzieren. Ein häufiger Fehler von Product Ownern besteht darin, zu viele Stakeholder in diesem Quadranten zu verorten. Je mehr Stakeholder sich in diesem Quadranten befinden, desto mehr Stress werden Sie als Product Owner haben. Natürlich ist es weder unmöglich noch undenkbar, dass Sie viele Stakeholder mit großem Interesse und viel Einfluss haben. Falls das auf Ihre Situation zutrifft, sollten Sie sich zwingen, eine Top-3-Auswahl vorzunehmen. Arbeiten Sie mit diesen drei Stakeholdern (Ihren Key-Stakeholdern) sehr intensiv an Ihrer Produktvision und Strategie zusammen. Und beziehen Sie die anderen Stakeholder dieser Gruppe vorrangig bei Roadmap und Product Backlog mit ein.

Wie viel Zeit widmen Sie Ihren Stakeholdern?

Als Product Owner investieren Sie einen substanziellen Teil Ihrer Zeit in Stakeholder-Management. Jedoch nicht alle Stakeholder sind gleich und so können Sie entscheiden, wie viel Zeit Sie sich für welche(n) Stakeholder nehmen. Logischerweise werden Sie den größten Teil der Zeit für die Stakeholder mit großem Interesse und viel Einfluss aufwenden. Und Sie werden nur ein Minimum an Zeit in die Stakeholder mit geringem Interesse und wenig Einfluss investieren.

Für einen effektiven Umgang mit Ihren Stakeholdern hat sich der Einsatz von Timeboxen bewährt. Ein Vorgehen, das für viele Product Owner funktioniert, besteht darin, Stakeholder einen kurzen Pitch oder eine kurze Präsentation (von maximal zehn Minuten Länge) zu ihrem Wunsch, ihrer Anforderung oder ihrem Problem halten zu lassen. In vielen Fällen erweist sich: Wenn ein Stakeholder nicht innerhalb von zehn Minuten darlegen kann, wie wertvoll seine Idee ist, dann gelingt ihm das in der Regel auch mit mehr Zeit nicht. Bleiben Sie deshalb wachsam, wenn Sie mit bestimmten Stakeholdern »ein Stündchen« für eine Besprechung planen, denn möglicherweise reichen zehn Minuten völlig aus.

Am Ende kann Ihnen die folgende Frage helfen, Ihre Zeit effektiv einzusetzen: *Müssen wir das jetzt machen?* Lesen Sie sich diese Frage noch einige Male durch und legen Sie bei jedem neuen Lesen die Betonung auf ein anderes Wort. Wenn Sie die Betonung im Satz verschieben, werden Sie bemerken, dass diese Frage sehr effektiv ist, um herauszufinden, ob Sie Ihre Zeit diesem Problem widmen müssen:

- **Müssen** wir das jetzt machen? Muss es wirklich gemacht werden? Oder ist es eine Option?
- Müssen **wir** das jetzt machen? Müssen Sie es machen? Muss Ihr Team es machen? Oder kann es vielleicht jemand anderer machen?
- Müssen wir **das** jetzt machen? Muss dieses spezielle Problem in Angriff genommen werden? Gibt es Alternativen? Geht es auch auf eine andere Weise?
- Müssen wir das **jetzt** machen? Muss es jetzt gemacht werden? Oder können wir es auch zu einem anderen Zeitpunkt machen?
- Müssen wir das jetzt **machen**? Muss wirklich etwas getan werden? Oder müssen wir vielleicht nur etwas klären?

In vielen Situationen hilft es, wenn Sie sich selbst diese Frage mehrere Male stellen. Sie können diese Frage auch Ihren Stakeholdern stellen, um deren Denkweise besser zu verstehen. Während Sie diese Frage stellen und Informationen einholen, können Sie sich darauf vorbereiten, Nein zu sagen. Diese Frage kann Ihnen auch helfen, bereits eine Vorauswahl aus den 50 Facetten von Nein zu treffen. Doch ehe Sie in die 50 Facetten von Nein eintauchen, hilft es vielleicht, erst einmal zu verstehen, wie man auf effektive Weise Nein sagen kann.

3
Nein sagen

»Learn to say no to the good,
so you can say yes to the best.«

– John C. Maxwell –

Einleitung

Nein sagen zu können, gehört zu den Kernkompetenzen eines Product Owners. Doch Nein zu sagen ist nicht so einfach. Schlimmer noch – Ja zu sagen ist in vielen Situationen einfacher, als Nein zu sagen. Warren Buffet fasste das in den Worten zusammen: »We need to learn *the slow yes* and *the quick no*.« Genau dabei will Sie dieses Kapitel unterstützen. Gerade weil Nein zu sagen so schwer ist, beschäftigt sich dieses Kapitel mit den Grundlagen des Neinsagens. Dabei geht es um Fragen wie: Was macht das Neinsagen anstrengend? Wie sagt man effektiv Nein? Zudem finden Sie hier verschiedene Tipps, um effektiv Nein zu sagen.

Was geschieht, wenn Sie Nein sagen?

Nein sagen ist enorm wertvoll. Nein sagen hat eine Menge positiver Folgen – für Sie, für Ihr Team, für Kunden und für die Organisation. Wenn Sie Nein sagen, sorgen Sie für Fokus. Und die Folge von mehr Fokus ist eine höhere Produktivität. Mehr Fokus sorgt häufig auch für mehr Energie und damit für mehr Wert für Kunden und Anwender. Darüber hinaus zeigen Sie, indem Sie Nein sagen, was Ihnen wichtig ist. Wenn Sie Nein sagen, zeigen Sie Ihre Grenzen auf. Deshalb hat Nein sagen viele Vorteile. Wenn Sie regelmäßig Nein sagen, erleben Sie beispielsweise, dass:

- Ihre Umgebung erkennt, dass Sie Ihre Verantwortung als Product Owner wahrnehmen;
- Sie Klarheit und Transparenz schaffen;
- Sie den Wert des Produkts maximieren können;
- Sie Fokus schaffen (für sich selbst, die Stakeholder und das Entwicklungsteam);
- Sie die Möglichkeit eröffnen, die »richtigen« Gespräche zu führen;
- Sie als Product Owner Ihr eigenes Mandat vergrößern;
- Sie mehr von den Dingen tun, die Ihnen Freude bereiten.

Doch obwohl Nein sagen etliche Vorteile hat, bleibt es für viele Menschen sehr schwierig. Aber was ist am Neinsagen nur so schwierig? Warum finden wir Nein sagen anstrengend? Was bewegt uns dazu, häufiger Ja als Nein zu sagen?

Was macht Nein sagen so schwer?

Viele Menschen assoziieren »Nein« mit »negativ«. Für sie bedeutet »Nein« Ablehnung oder ein negatives Ergebnis. Darüber hinaus verbinden viele Menschen Konflikte mit dem Wort »Nein«. Deshalb gibt es viele verschiedene Gründe, das Wörtchen »Nein« zu vermeiden. Im Allgemeinen lassen sich vier Muster beobachten, die das Neinsagen erschweren:

- **Die Angst vor Konflikten**

  Die Angst vor Konflikten ist ein psychologisches Hindernis, mit dem viele Menschen zu kämpfen haben. Viele Menschen finden Konflikte anstrengend, unberechenbar und unerwünscht, denn Konflikte können negative Folgen haben. Denken Sie an Streit, Meinungsverschiedenheiten, Enttäuschung und Verlassen werden. Das sind negative Emotionen, die man im beruflichen Umfeld zu vermeiden sucht. Man will gern zur Gruppe dazugehören, doch bei Konflikten wird das schwieriger. Konflikte sind jedoch nicht immer negativ. Konflikte können auch äußerst positive Folgen haben, so zum Beispiel gegenseitiges Verständnis, Respekt, Offenheit und mehr Freiraum.

  Einen Konflikt auf konstruktive Weise auszutragen, kann sehr wertvoll sein. Typische Verhaltensweisen von Menschen, die (strukturell) Konflikte vermeiden, sind:

  1. zu allem Ja sagen;
  2. keine Meinung äußern;
  3. immer nach einem Konsens suchen.

  Vor allem die letzte Form von Konfliktvermeidung ist für Product Owner interessant. In vielen Organisationen sind Menschen auf der Suche nach Konsens, denn ein Konsens bedeutet, dass man keinen Konflikt hat. Konsens zu erreichen erfordert, dass alle einverstanden sind. Und das scheint ein erstrebenswerter Zustand zu sein. Aus Sicht des Product Owners ist das Erreichen eines Konsenses allerdings nicht (immer) wünschenswert, denn Stakeholder haben unterschiedliche Wünsche und Interessen. Sie haben unterschiedliche Bedürfnisse und wollen unterschiedliche Dinge erreichen. Und das hat alles seine Berechtigung. Wenn man all diese verschiedenen Wünsche miteinander kombiniert und auf alle Bedürfnisse (ein wenig) einzahlt, dann erreicht man einen Konsens. Für einen Product Owner ist das aber riskant, denn ein Konsens kann dazu führen, dass man Zugeständnisse an seinem Produkt macht. Und wenn man viele Zugeständnisse macht, dann entsteht ein Produkt, das für jeden ein klein wenig passt. Allerdings schafft ein solches Produkt oft nicht besonders viel Wert. Deshalb verhindert die Suche nach einem Konsens in vielen Fällen, den Wert des Produkts zu maximieren.

- **Die Angst, andere zu enttäuschen**
  Ein weiterer Grund, nicht regelmäßig Nein zu sagen, ist die Angst, andere Menschen zu enttäuschen. Menschen sind soziale Wesen. Menschen wollen gern von der Gruppe akzeptiert werden. Sie wollen irgendwo dazugehören. Menschen wollen, dass andere sie mögen. Deshalb wollen sie andere Menschen lieber nicht enttäuschen, verletzen oder ihnen Kummer bereiten. Viele Menschen gehen davon aus, dass sie andere enttäuschen, wenn sie Nein sagen. Aufgrund dieser psychologischen Barriere sagen sie lieber nicht Nein. Interessant ist, dass die Enttäuschung, Verletzung oder der Kummer beim anderen oft ungleich größer ist, wenn Dinge nicht ausgesprochen werden. Viele Menschen warten zum Beispiel so lange mit ihrem Feedback, bis der letzte Tropfen das Fass zum Überlaufen bringt. Sie warten, bis die Bombe wirklich hochgeht. Doch wenn man Feedback aufschiebt und es (oft) zu spät gibt, erlebt man, dass der Schmerz (und die Enttäuschung) viel größer sind als bei direktem Feedback. Das Gleiche gilt fürs Nein sagen. Es ist vielen Menschen angenehmer, ein klares Nein zu hören als erst einmal ein Ja und später dann doch ein Nein. Viele Menschen versuchen, jemanden zu beschützen, und das, obwohl sie die Person am Ende doppelt enttäuschen, wenn klar wird, dass sie letztendlich nicht liefern können. Ein typisches Verhalten von Product Ownern, um Enttäuschungen zu vermeiden, ist der viel gehörte Ausspruch: »Ich nehme Ihren Wunsch ins Product Backlog auf.« Wenn das oft genug passiert und das Product Backlog inzwischen zu einer endlosen Wunschliste geworden ist, ist jedem in der Organisation klar, dass dieser Wunsch niemals umgesetzt werden wird – was am Ende enttäuschte Stakeholder zur Folge hat.

- **Angst vor Hierarchie**
  Schon in der Grundschule lernt man das Konzept von »Autorität« kennen. Man lernt, dass man Autorität respektieren muss. Wenn die Lehrerin oder der Lehrer eine Aufgabe vergibt, führt man sie ordentlich aus. Dieses Prinzip ist für viele Menschen zu einem starken Verhaltensmuster geworden, das auch im Arbeitsalltag zu beobachten ist. Vielen Menschen fällt es schwer, zu einem Manager, Vorstandsmitglied oder einer Führungskraft Nein zu sagen. Zum Teil handelt es sich dabei um Konfliktvermeidung, doch dieses Verhalten hat sich auch zu einem Automatismus entwickelt. Dabei kann es spannend sein, zu jemandem Nein zu sagen, der mehr Autorität oder mehr Einfluss innerhalb der Organisation besitzt. Man darf nicht vergessen, dass Nein sagen für beide Seiten hilfreich sein kann. Es schafft Klarheit, hilft beim Erwartungsmanagement und kann zur Basis für ein konstruktives Gespräch werden.

- **Nein sagen bedeutet, »das Muster« zu durchbrechen**
  Nein sagen ist für viele Menschen auch deshalb so schwierig, weil sie dazu »das Muster« durchbrechen müssen, das für sie Ja sagen heißt. Ja sagen führt bei sich selbst wie beim anderen kurzfristig zu einem positiven Gefühl. Zudem kann Ja sagen sich zum eigenen Vorteil auswirken. Indem man Ja sagt, hält man sich zum Beispiel alle Optionen offen, man eröffnet bzw. erhält sich Chancen und muss sich seinen Ängsten nicht (bewusst) stellen. Und wer oft Ja sagt, hat viel zu tun und einen vollen Kalender. Das kann von Vorteil sein. Dann bleibt nämlich »keine Zeit«, um etwas zu verändern oder zu verbessern. Zudem ist man scheinbar sehr wichtig für die Organisation, weil man doch »so schrecklich viel zu tun hat« und bei allem hinzugezogen wird. Wenn man zu einem Stakeholder Ja sagt, dann geschieht das (unter anderem) aus den oben genannten Gründen überwiegend instinktiv. In vielen Fällen ist das weder ein gründlich überlegtes noch gut durchdachtes Ja. Es ist eher eine Entscheidung aus dem Bauch heraus. Falls Sie in Zukunft häufiger Nein sagen wollen, dann können Sie diese Entscheidung bewusst treffen. Es ist allein Ihre Entscheidung, das feste Muster ständigen Jasagens zu durchbrechen.

Denkanstöße ...

Kennen Sie eine dieser Ängste oder eines der Verhaltensmuster von sich selbst? Erkennen Sie »das Muster«, Ja zu sagen? Sollten Sie eines davon bei sich bemerken, erleben Sie sicher auch, dass dieses Verhalten etwas Positives zur Folge hat. Die Verhaltensmuster sind zu Mustern geworden, weil sie Ihnen kurzfristig etwas Gutes bescheren. Leider sind diese Vorteile oft nur von kurzer Dauer. Denken Sie deshalb einmal über folgende Fragen nach:

- Warum finden Sie es schwierig, Nein zu sagen?
- Welche Angst oder welches Verhaltensmuster blockiert Sie?
- In welchen Situationen wollen Sie standardmäßig Ja sagen? Geschieht das bei speziellen Personen?
- Was sind die kurzfristigen Vorteile Ihres Verhaltens?
- Wie wirkt sich dieses Verhalten langfristig (negativ) aus?
- Was könnten Sie (an Ihrem Verhalten) ändern?
- Wie oft haben Sie in letzter Zeit bewusst und gut durchdacht Ja gesagt?
- Wie oft hätten Sie eigentlich doch lieber Nein gesagt? Oder – wie oft hätten Sie besser Nein sagen sollen?

Menschen haben viele verschiedene Gründe, nicht Nein zu sagen. Häufiger Grund ist eine Form von Angst oder ein eingeschliffenes Muster, Ja zu sagen. Als Product Owner müssen Sie deshalb explizit die Entscheidung treffen, (häufiger) Nein zu sagen und dadurch ein neues Verhaltensmuster zu entwickeln. Indem Sie es (in kleinen, überschaubaren Situationen) oft üben, können Sie das neue Muster verinnerlichen, um mögliche Ängste zu überwinden. Üben ist wichtig. Doch – wie sagt man auf effektive Weise Nein?

Wie sagt man effektiv Nein?

Um effektiv Nein zu sagen, reicht es nicht, lediglich die 50 Arten von Nein einzusetzen. Diese Neins allein werden Ihnen nicht helfen, da sie unnatürlich und gekünstelt wirken können. Die folgenden fünf einfachen Schritte führen Sie zu einem effektiven Nein:

- Schritt 1: **Wer**
  Zu wem werden Sie Nein sagen?
- Schritt 2: **Was**
  Was ist die Frage des Stakeholders?
- Schritt 3: **Intention**
  Was ist Ihre Intention? Werden Sie Ja oder Nein sagen?
- Schritt 4: **Nein sagen**
  Was ist das richtige Nein für diese Situation?
- Schritt 5: **Zuhören**
  Hat der andere verstanden? Wie reagiert Ihr Gegenüber?

Schritt 1: Wer – Zu wem werden Sie Nein sagen?

Der erste Schritt zu einem effektiven Nein bedeutet herauszufinden, zu wem Sie Nein sagen werden. In Kapitel 2 dieses Buches ging es um die Stakeholder-Map. In diesem ersten Schritt brauchen Sie die Stakeholder-Map, um schnell herauszufinden, in welchem Quadranten der Stakeholder-Map Sie den betreffenden Stakeholder platziert haben. Handelt es sich um einen Stakeholder mit großem oder geringem Interesse? Hat der Stakeholder viel oder wenig Einfluss? Das beeinflusst in gewissem Maße, wie Sie auf seine Frage reagieren können.

Schritt 2: Was – Was ist die Frage des Stakeholders?

Der zweite Schritt zu einem effektiven Nein ist herauszufinden, um welche Fragestellung es sich handelt. Geht es um ein neues Feature? Oder um einen kritischen Fehler im Produkt? Handelt es sich um eine interne Fragestellung? Ist es ein kundenrelevantes Thema? Oder eine durch Gesetze und Regularien ausgelöste Fragestellung?

Als Nächstes sollten Sie folgende Fragen beantworten: Passt die Fragestellung zur Produktvision und/oder den aktuellen Zielen? Ist mit dem Thema eine Deadline verbunden? Wenn ja, handelt es sich um eine interne Deadline (z.B. aus wirtschaftlicher Sicht)? Oder ist es ein extern (durch Gesetze oder Regularien) gesetzter Termin? Darüber hinaus sollten Sie die Budgetfrage klären. Verfügt der Stakeholder über Budget, um sein Thema zu realisieren? Wie viel Budget hat der Stakeholder für diesen Wunsch zur Verfügung?

»*Seek first to understand, then to be understood*«[1] ist ein berühmtes Zitat von Stephen R. Covey aus dem Buch *The 7 Habits of Highly Effektive People.* Auch wenn Sie Nein sagen wollen, ist das ein wichtiges Prinzip. Versuchen Sie, die Fragestellung und den Kontext Ihres Gegenübers zu verstehen. Und versuchen Sie herauszufinden, warum der andere mit dieser Frage zu Ihnen gekommen ist. Signalisieren Sie, dass Sie Ihr Gegenüber verstehen. Zeigen Sie Empathie und beschreiben Sie die Fragestellung in eigenen Worten. Schildern und erläutern Sie dann Ihre Vorstellung. Das hilft Ihnen zum einen, aktiv zuzuhören, und betont andererseits Ihr Interesse und Ihre Aufmerksamkeit für den anderen. Denn im folgenden Schritt geht es darum, Ihre Intention zu bestimmen: Wird es ein Ja oder ein Nein?

1. Anm. d. Übers.: Erst wenn man den anderen versteht, kann man verstanden werden.

Schritt 3: Intention – Was ist Ihre Intention? Werden Sie Ja oder Nein sagen?

Ab diesem Schritt sollten Sie bereits Ja oder Nein sagen können. Doch bevor Sie eine definitive Entscheidung treffen, können Sie noch über die folgenden Dinge nachdenken:

- Ist der zu erwartende Wert hoch oder eher gering? Und – an wen wird dieser Wert geliefert (Kunden, Anwender, die interne Organisation oder an Dritte)?
- Sind die potenziellen Risiken hoch oder gering? Und – wer hat diese Risiken zu tragen?
- Brauchen Sie viel oder wenig Rückhalt für diese Entscheidung?
- Wie steht es um Ihr Mandat bezüglich dieser Entscheidung?
- Wie steht es um Ihr Mandat bezüglich dieses Stakeholders?

Wenn das Thema potenziell einen hohen Wert verspricht, Sie die potenziell hohen Risiken reduzieren können und die Fragestellung zu Ihrer Produktversion passt, dann wollen Sie sehr wahrscheinlich Ja sagen. Falls das Thema wenig Wert verspricht, die potenziellen Risiken sich kaum reduzieren lassen oder die Fragestellung nicht zu Ihrer Produktvision passt, dann scheint Nein die bessere Antwort zu sein. Sie können darüber hinaus noch evaluieren, wie viel Rückhalt Sie brauchen, um diese Entscheidung treffen zu können. Bedarf es dazu nicht viel, können Sie sofort entscheiden. Brauchen Sie eher viel Unterstützung, ist es besser, die Entscheidung gemeinsam mit anderen Stakeholdern zu treffen. Ein wertvoller Trick für Product Owner besteht darin, Stakeholder zu bitten, das Thema später, während eines Sprint-Reviews oder innerhalb eines Meetings zum Product Backlog Refinement, noch einmal vorzustellen. So können Sie sich die Ansichten und den Einfluss der anderen Stakeholder für Ihre Entscheidung zunutze machen.

Am Ende treffen Sie eine Entscheidung. Wollen Sie weiter an dem Thema arbeiten? Dann können Sie nun (gut durchdacht) Ja sagen. Oder wollen Sie sich nicht länger damit beschäftigen und werden (gut durchdacht) Nein sagen? Treffen Sie für sich eine explizite Wahl.

Schritt 4: Nein sagen – Was ist das richtige Nein für diese Situation?

Haben Sie sich entschieden, Nein zu sagen? Super! Dann sind Sie nicht mehr weit vom realen Einsatz eines der 50 Neins entfernt. Berücksichtigen Sie bei Ihrer Entscheidung für eines der 50 Neins noch diese zwei Tipps:

- **Tipp 1: Bleiben Sie authentisch.**
  Authentizität ist eine wertvolle Eigenschaft. Wenn Sie näher bei sich bleiben, ist es einfacher, Nein zu sagen. Viele Menschen spüren, wenn Sie nicht authentisch handeln. Es fühlt sich dann gekünstelt an. Bleiben Sie deshalb so gut es geht Sie selbst.
- **Tipp 2: Wählen Sie einen passenden Einstiegssatz.**
  Obwohl viele der 50 Neins wörtlich mit »Nein, weil …« beginnen, ist das vielleicht nicht immer die passendste Art, Nein zu sagen. Sie können deshalb mit einer Auswahl an Einstiegssätzen spielen. Zum Beispiel:
  - Interessant! Allerdings …
  - Gute Idee! Doch im Augenblick …
  - Ich verstehe, was Sie sagen wollen und …
  - Tut mir leid, leider …
  - Ich verstehe, dass das für Sie wichtig ist, doch …
  - Was mich davon abhält, Ja zu sagen, ist …
  - Wenn ich Sie richtig verstanden habe, dann geht es Ihnen um … Und …
  - Wenn ich dazu Ja sage, dann …
  - Ja! Und … (Anstelle von »Ja, aber«. Nach dem »und« folgt dann die Erklärung, warum es doch nicht geht).

Nun ist endlich der Zeitpunkt gekommen, um wirklich Nein zu sagen! Im nächsten Kapitel sind die 50 Arten von Nein in neun Kategorien unterteilt, sodass es für Sie einfacher wird, ein zu Ihrem Kontext passendes Nein zu wählen. Entscheiden Sie sich für das beste Nein, wählen Sie einen guten Einstiegssatz und sagen Sie auf eine authentische Weise Nein.

Schritt 5: Zuhören – Hat der andere verstanden? Wie reagiert Ihr Gegenüber?

Haben Sie Nein gesagt? Herzlichen Glückwunsch! Der wichtigste Schritt ist getan, denn Ihr Stakeholder hat ein Nein gehört! Nun ist es Zeit für den letzten Schritt. Sie wollen jetzt vor allem sicherstellen, dass es keine Missverständnisse gibt. Dazu können Sie beim Stakeholder überprüfen, ob er versteht, warum Sie Nein sagen. Eventuell, indem Sie um Feedback zu Ihrem Nein bitten. Hat der Stakeholder Sie verstanden? Hat der Stakeholder eventuell noch Fragen? Hören Sie sich bereitwillig mögliche Einwände an. Keine Angst vor enttäuschten Reaktionen Ihres Stakeholders! Gehen Sie einfach davon aus, dass er enttäuscht reagieren wird, dann kann es immer noch besser als erwartet kommen. Sie brauchen sich auch nicht mit Entschuldigungen für das Nein zu wappnen. Ihre Aufgabe als Product Owner ist die Wertmaximierung. Und deshalb müssen Sie häufiger Nein sagen als Ja. Das gehört nun mal zu Ihrer Arbeit dazu!

Einige der 50 Arten von Nein können möglicherweise zu einer Diskussion mit Ihrem oder Ihren Stakeholder(n) führen. Was für Sie ein deutliches Nein ist (z.B.: Nein, angesichts der heutigen Marktlage ist das nicht wünschenswert), kann für die Stakeholder wie der Beginn einer Diskussion klingen. Ob Sie diese Diskussion mit den Stakeholdern führen können und wollen, ist von der Situation abhängig. Deshalb müssen Sie als Product Owner auf eine solche Situation gut vorbereitet sein. Wie Sie damit umgehen, hängt vom Typ des Stakeholders, der Art der Anfrage und dem Zeitpunkt ab. Eröffnet der Stakeholder tatsächlich eine Diskussion, dann sollten Sie zuallererst für sich entscheiden, ob Sie diese (jetzt) führen wollen. Wenn Sie sich dafür entscheiden, wiederholen Sie einfach die vorangegangenen Schritte. Hören Sie aktiv zu, fassen Sie zusammen, stellen Sie weitere Fragen und nutzen Sie die vom Stakeholder neu eingebrachten Informationen, um Ihre Intention erneut zu bestimmen, vielleicht eine neue Art Nein auszuwählen und so die Schritte aufs Neue zu durchlaufen. Wollen Sie hingegen die Diskussion zum aktuellen Zeitpunkt vermeiden, dann ist es wichtig, dem Stakeholder zu vermitteln, dass Sie die Diskussion jetzt nicht führen können, und ihm die Gründe zu nennen. Verweisen Sie den Stakeholder auf eines der anstehenden Scrum-Events, zum Beispiel ein Sprint-Review oder ein Refinement-Meeting, denn während dieser Events können Sie sich relativ leicht der Meinungen und

Ansichten der anderen Stakeholder bedienen. Natürlich können Sie sich mit dem Stakeholder auch zu einem späteren Zeitpunkt verabreden, um seinen Wunsch detaillierter zu besprechen. Vermeiden Sie jedoch auf jeden Fall, dass Sie unter vier Augen etwas zusagen, wodurch Sie später vielleicht mit anderen Wünschen und Plänen in Konflikt geraten.

Nachdem Sie die fünf Schritte (eventuell mit einiger Diskussion) durchlaufen haben, bleibt noch eine letzte wichtige Frage: Ist beiden Parteien klar, wer jetzt für das besprochene Thema verantwortlich ist? Es gibt unter den 50 Arten Nein einige Formen, die dem Stakeholder deutlich zu verstehen geben, dass er die Idee im Augenblick noch für sich behalten soll. Diese Formen wurden mit Bedacht gewählt, weil die Crux des Neinsagens auch beinhaltet, dass Sie als Product Owner nicht zum Problemverantwortlichen für alle Anfragen und Wünsche werden. Behalten Sie, wenn Sie Nein gesagt haben, deshalb im Hinterkopf: Ist Ihnen und auch dem Stakeholder klar, von wem eine eventuelle Folgeaktion ausgehen muss?

Praxistipp

»Vermeiden Sie jedoch auf jeden Fall, dass Sie unter vier Augen etwas zusagen, wodurch Sie später vielleicht mit anderen Wünschen und Plänen in Konflikt geraten.«

Einer der meistbegangenen Fehler von Product Ownern ist, Stakeholdern unter vier Augen die Realisierung bestimmter Wünsche zuzusagen. Passiert Ihnen das, dann kommen Sie möglicherweise bei Absprachen mit anderen Stakeholdern in Bedrängnis. Achten Sie deshalb darauf, dass Sie Zusagen oder Forecasts ausschließlich während des Sprint-Reviews geben, bei dem all Ihre (wichtigen) Stakeholder anwesend sind! Damit vermeiden Sie viele Probleme und Missverständnisse.

Ihnen sollte nun klar sein, dass es dringend erforderlich ist, häufiger Nein zu sagen. Nein sagen hat durchaus Vorteile, es kann aber auch schwierig sein. Vielleicht gelingt das Neinsagen nicht, weil es sich seltsam oder beängstigend anfühlt. Möglicherweise ist Jasagen zu Ihrem eingeschliffenen Verhaltensmuster geworden? In Ihrer Rolle als Product Owner werden Sie etwas verändern müssen, ehe es Ihnen gelingt, einfach so Nein zu sagen. Die fünf Schritte zu einem Nein helfen Ihnen dabei.

Nachdem Sie nun mehr über effektives Neinsagen wissen, können Sie sich inhaltlich mit den 50 Arten von Nein auseinandersetzen. Im folgenden Kapitel lesen Sie, wie Sie die Neins nutzen können und in welche neun Kategorien sie unterteilt sind.

4
Die 50 Facetten von Nein

»People think focus means saying yes to the thing you've got to focus on. But that's not what it means at all. It means saying no to the hundred other good ideas.«

– Steve Jobs –

Einleitung … ehe Sie die Neins nutzen

Ziel dieses Buches ist, Sie beim effektiven Stakeholder-Management zu unterstützen. Das ist einerseits ernsthaftes Business, doch Stakeholder-Management ist andererseits auch ein Spiel, das Sie mit einem Lächeln spielen sollten. In diesem Kapitel lernen Sie über 50 Arten, Nein zu sagen, unterteilt in neun verschiedene Kategorien, kennen. Diese 50 Neins wurden ausgewählt, weil es schöne, einfache und effektive Neins für die tägliche Arbeit des Product Owners sind. Die ausgewählten 50 Neins sind aus mehr als hundert verschiedenen Arten von Nein hervorgegangen. Die Anzahl an Optionen, Nein zu sagen, ist also noch deutlich größer. Am Ende dieses Buches ist deshalb auch Platz für Ihre eigenen Neins reserviert. Lassen Sie sich durch die 50 Facetten von Nein inspirieren, nutzen Sie diese und versuchen Sie, das Stakeholder-Management-Spiel so nett und effektiv wie möglich zu spielen.

Nutzen Sie die unterschiedlichen Kategorien. Einer der Fehler von Product Ownern ist, zu oft dieselbe Art Nein zu benutzen. Verwenden Sie zum Beispiel immer ein »Nein aus Sicht des Budgets«, dann könnte man Sie für jemanden halten, der keine Verantwortung für den Erfolg des Produkts übernimmt. Verwenden Sie zu oft das »Nein aus Sicht des Kunden/Anwenders«, dann sieht es so aus, als würden Sie nicht begreifen, dass die Organisation auch interne Interessen hat. Und wenn Sie beispielsweise immer ein »deutliches Nein« benutzen, schaffen Sie damit möglicherweise eine Distanz zwischen sich und Ihren Stakeholdern. Derlei Dinge wollen Sie vermeiden. Sagen Sie deshalb auf eine ehrliche, authentische und respektvolle Weise Nein. Und nutzen Sie die unterschiedlichen Kategorien, um effektiv zu bleiben.

Zu guter Letzt sollten Sie daran denken, dass Sie nicht immer nur »Nein« sagen müssen. Sie werden als Product Owner auch noch regelmäßig »Ja« oder »Vielleicht« sagen müssen. In diesem Buch geht es vorrangig ums Neinsagen. Doch denken Sie immer daran, dass Sie nicht die Weisheit für sich gepachtet haben. Sie brauchen Ihre Stakeholder!

Die neun Kategorien des Neinsagens

Die 50 Arten, Nein zu sagen, sind in neun Kategorien aufgeteilt, sodass Sie schneller eine Form von Nein finden können, die zu Ihrem Umfeld passt.

1. Das deutliche Nein
2. Das Nein aus Sicht des Kunden/Anwenders
3. Das Nein aus Sicht des Wertes
4. Das Nein aus Sicht des Budgets
5. Das Nein aus Sicht des Timings
6. Das Nein aus Sicht der Auswirkung auf das Umfeld
7. Das Nein aus Sicht der Qualität
8. Das Nein, wenn alle anderen Neins nicht (mehr) funktionieren
9. **Bonus!** Die Neins, um Ihr Mandat zu erweitern

Die neunte Kategorie (Die Neins, um Ihr Mandat zu erweitern) umfasst einige Neins, die auf den anderen acht Kategorien aufbauen. Diese Arten, Nein zu sagen, wurden umformuliert, sodass sie für Product Owner mit weniger Mandat anwendbar(er) werden. Wie bereits früher in diesem Buch beschrieben, ist Neinsagen schwierig und auch nicht immer möglich. Für Product Owner mit weniger Mandat wird dadurch die Sache noch schwieriger. Deshalb wurden einige der Neins speziell für diese Zielgruppe anders formuliert. Sie können natürlich auch die anderen Neins in diesem Buch noch entsprechend anpassen.

Jede Kategorie hat folgenden Aufbau: Sie finden zuerst eine Erklärung (»Einleitung«). Dann wird beschrieben, für welche Stakeholder-Gruppe(n) diese Kategorie am besten funktioniert (»Für welche Stakeholder nutzen Sie dieses Nein?«). Danach werden sieben Beispiele von Neins aus dieser Kategorie beschrieben (»Sieben Formen dieser Kategorie Nein«) und am Ende folgt – zur Inspiration – ein Praxisfall zu einem dieser sieben Neins (»Praxisbeispiel zu dieser Kategorie Nein«). Die achte Kategorie ist eine besondere Kategorie, denn sie umfasst nur ein einziges Nein. Diese Kategorie Nein werden Sie hoffentlich nicht allzu oft in Ihrer täglichen Arbeit brauchen. Weshalb das so sein sollte, erfahren Sie im entsprechenden Abschnitt.

1 – Das deutliche Nein

»Sometimes, we need to say no *so that we have more time to say yes.«*

– Suzette Hinton –

Einleitung

Wir fangen an der Basis an und beginnen beim »deutlichen Nein«. Das deutliche Nein ist kurz, energisch, transparent und deshalb ... sehr deutlich. Vielleicht wünschen Sie sich manchmal, dass Sie das deutliche Nein immer und überall anwenden können, sodass Ihr Standpunkt sofort klar ist. Das deutliche Nein lässt wenig Interpretationsspielraum zu, was in vielen Situationen sehr angenehm ist.

Doch bleiben Sie nicht beim deutlichen Nein stehen. Natürlich ist es angenehm, wenn die Stakeholder sofort wissen, woran sie sind. Es besteht jedoch das Risiko, dass ein Zuviel an deutlichem Nein eine Barriere zu Ihren Stakeholdern errichtet. Benutzen Sie es zu oft, fühlen sich Ihre Stakeholder möglicherweise nicht gehört. Das kann mehr Distanz erzeugen, als Ihnen lieb ist. Was sicher nicht Ihre Absicht ist. Sie wollen ein deutliches Nein einsetzen? Dann sollten Sie vorher signalisieren, dass Sie Ihr Gegenüber gehört und verstanden haben. Für weitere Anregungen können Sie sich die fünf Schritte zum Neinsagen im Abschnitt »Wie sagt man effektiv Nein?« des vorangegangenen Kapitels noch einmal anschauen.

In diesem Abschnitt lesen Sie, wie man das deutliche Nein einsetzt. Darüber hinaus erfahren Sie, bei welchen Stakeholdern Sie das deutliche Nein effektiv nutzen können. Danach geht es um die Arten von Nein dieser Kategorie. Um diese Arten zu veranschaulichen, folgt ein Praxisbeispiel.

Für welche Stakeholder nutzen Sie dieses Nein?

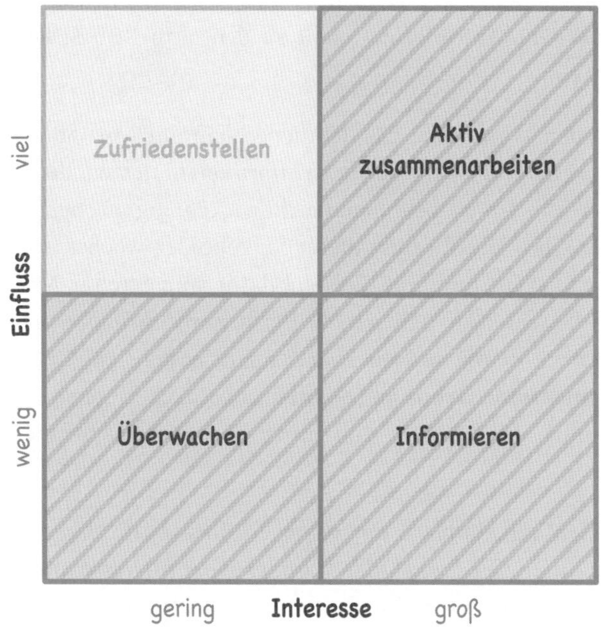

Abb. 4–1 *Anwendungsempfehlung für das deutliche Nein*

Das deutliche Nein ist kurz, energisch und deutlich. Das deutliche Nein lässt wenig Interpretationsspielraum zu. Deshalb ist das deutliche Nein auch die Kategorie, die das meiste Feingefühl erfordert. Es ist wichtig, dass Sie sich der Art und Weise, wie Sie dieses Nein einsetzen, bewusst sind. Es geht nicht darum, Menschen wegzuschicken oder Ihnen das Gefühl zu vermitteln, dass Sie ihnen nicht zuhören wollen oder dass ihre Ideen nichts wert sind. Sie gebrauchen das deutliche Nein, um auf eine respektvolle Weise zu sagen, dass der Wunsch, die Anforderung oder die Fragestellung des Stakeholders (im Augenblick) nicht passt, ohne dabei viel Raum für Diskussion zu lassen.

Dabei spielt die Beziehung zu Ihrem Stakeholder immer eine Rolle. Diese Beziehung hat viel Einfluss darauf, was Sie tatsächlich sagen. Generell ist diese Kategorie von Nein vor allem für Stakeholder mit ***geringem Interesse und wenig Einfluss (Überwachen)*** geeignet. In Gesprächen mit diesen Stakeholdern können Sie in vielen Situationen das deutliche Nein benutzen. Sollte sich ein solcher Stakeholder zum Beispiel etwas wünschen, das überhaupt nicht mit der Produktvision vereinbar ist, dann ist ein deutliches Nein eine gute Wahl. Ein deutliches Nein lässt sich auch gut einsetzen, wenn ein Wunsch oder eine Anforderung nicht zu den aktuellen Zielstellungen des Produkts passt.

In vielen Fällen können Sie das deutliche Nein auch bei Stakeholdern mit ***großem Interesse und wenig Einfluss (Informieren)*** nutzen, denn diese Stakeholder können Ihre Entscheidungen nicht rückgängig machen. Vergessen Sie jedoch nicht, dass der Einfluss dieser Stakeholder wächst, sobald sie sich zusammenschließen. Ein gutes Beispiel dafür sind Streiks. Mitarbeiter, die sich zusammenschließen, haben mehr Einfluss als Einzelpersonen. Wenn Sie jedoch nur noch deutliche Neins verwenden, besteht die Gefahr, dass sich Menschen anderswo Gehör verschaffen oder nach Unterstützung suchen. Hören Sie ihnen deshalb weiterhin gut zu und variieren Sie die Art, wie Sie Nein sagen.

Außer bei den Stakeholdern mit wenig Einfluss kann das deutliche Nein auch gut bei Ihren Key-Stakeholdern mit ***großem Interesse und viel Einfluss (Aktiv zusammenarbeiten)*** funktionieren. Als Product Owner haben Sie diese Stakeholder aktiv in die Erstellung der Produktvision, der Roadmap und der Zielstellungen eingebunden. Da Sie mit diesen Menschen eng zusammenarbeiten, ist ein deutliches Nein oft sehr effektiv. Beim Schreiben dieses Buches haben wir das deutliche Nein auch oft benutzt. Wir mussten in diesem Buch viele Entscheidungen treffen und ein deutliches Nein war eine gute Weise, um Nein zu sagen. Vergessen Sie nicht, dass Deutlichkeit in vielen Situationen erwünscht ist, denn Menschen wissen gern, woran sie sind.

Sieben Formen dieser Kategorie Nein

Innerhalb der Kategorie »Das deutliche Nein« stehen die unten aufgeführten sieben Formen zur Auswahl. Wie in Kapitel 3 beschrieben, kann man unterschiedliche Einführungssätze nutzen, sodass die Information anders ankommt.

Die sieben Neins in dieser Kategorie sind:

1. Nein, dieses Thema passt nicht zur Vision des Produkts.
2. Nein, dieses Thema trägt nicht zu unseren aktuellen Zielstellungen bei.
3. Nein, ich halte den Wert dieser Anforderung im Vergleich zu anderen für zu gering.
4. Nein, das finde ich angesichts der aktuellen Marktlage nicht vernünftig.
5. Nein, ich halte den Return on Investment dieses Themas für zu gering.
6. Nein, ich will in dieses Thema im Augenblick keine Zeit investieren.
7. Nein, ich will das Thema auf eine andere Art lösen.

Praxisbeispiel für diese Kategorie Nein

Karel ist Product Owner in einer Organisation, die eine Website für den Verkauf von Gebrauchtwagen bereitstellt. Die aktuelle Website ist bereits sieben Jahre alt. Deshalb wurde entschieden, sie auf Basis der neuesten, modernsten Technologien neu zu entwickeln. Karels erster Schritt in diesem Projekt war, eine klare Produktvision für die neue Website zu erstellen. Diese Vision hilft ihm, das große Ganze im Blick zu behalten und dem Produkt eine Richtung zu geben. Mittels dieser Vision kann Karel unter anderem sicherstellen, dass keine unnötigen Features und Funktionalitäten entwickelt werden.

Eines Tages kommt Hans, ein Mitarbeiter des Kundenkontakt-Centers (KKC), zu Karel. »Guten Morgen Karel«, sagt Hans. »An diesem Wochenende habe ich über unsere Urlaubspläne nachgedacht. Meine Frau und ich verbringen ja jedes Jahr ein paar Wochen Sommerurlaub in unserem Wohnwagen. Im letzten Jahr fiel uns auf, dass unser Wohnwagen nach fünfzehn Jahren vielleicht durch einen neuen ersetzt werden könnte! Deshalb dachte ich: Wie schön wäre es, wenn unsere Website neben Gebrauchtwagen auch gebrauchte Wohnwagen anbieten könnte. Ich bin überzeugt, dass es dafür einen Markt gibt.«

Karel hört sich Hans' begeistert vorgetragene Geschichte an und schaut dann auf die Wand hinter ihm. An dieser Wand hat Karel seine Produktvision aufgehängt. Diese Vision lautet: »Ein Rundum-sorglos-Paket für Autofirmen und Autosuchende, um so einfach wie möglich den besten Gebrauchtwagen zu (ver)kaufen.« Karel lässt die Vision und Hans' Geschichte noch einen Moment auf sich wirken und sagt dann: »Hans, vielen Dankt für deine Idee und deinen Input! Allerdings passt dieser Aspekt nicht zur Vision unseres Produkts und deshalb werde ich im Augenblick nichts in dieser Richtung unternehmen.«

2 – Das Nein aus Sicht des Kunden/Anwenders

»Den Durchschnittskunden gibt es nicht!«[1]

– Jos Burgers –

1. Aus dem Niederländischen von Rolf Dräther.

Einleitung

Wir Menschen sind immer wahnsinnig beschäftigt. Wenn man heutzutage jemanden fragt, wie es ihm geht, dann hört man oft »Stress, Stress, Stress!« Menschen sind mit vielen verschiedenen Dingen beschäftigt. Doch oft ist unser Stress hausgemacht. Viele Teams in Unternehmen sind stark auf interne KPIs wie Effizienz, Kosten und Zeit fokussiert. Man trifft nur sehr wenige Teams, die kunden- und anwenderorientiert arbeiten. Somit sind auch wenige Teams auf externe KPIs wie Kundenzufriedenheit, Produktnutzung und Wert fokussiert.

Für den Product Owner dreht sich alles darum, den Wert des Produkts zu maximieren – für Kunden und Anwender. Als Product Owner können Sie dafür sorgen, dass sich Ihre Stakeholder dessen bewusst sind. Dabei hilft, regelmäßig aus der Perspektive von Kunden und Anwendern Nein zu sagen. Wenn Sie den Fokus auf Kunden und Anwender richten, verlagern Sie ihn wieder auf die Außenwelt, was Ihnen helfen kann, die richtigen Gespräche zu führen. Darüber hinaus werden Ihre Stakeholder sich ihres eigenen Verhaltens bewusst. Sie können erkennen, dass sie zu stark intern orientiert sind.

In diesem Buch geht es um Kunden und Anwender. Das sind verschiedene Zielgruppen, die (zufällig) eine einzige Person sein können. Ein Kunde ist definiert als *die Person, die die Rechnung für das gelieferte Produkt oder die gelieferte Dienstleistung bezahlt.* Ein Anwender hingegen ist *die Person, die ein Produkt oder eine Dienstleistung nutzt.* Kunde und Anwender können ein und dieselbe Person sein, das ist jedoch nicht immer so.

Ein Beispiel zur Illustration

Unternehmen nutzen eine Vielzahl verschiedener Prozesse, Systeme und Tools. Diese Prozesse und Systeme unterstützen die Unternehmensführung. Ein Vertriebsteam setzt zum Beispiel ein CRM-System ein. Zusätzlich gibt es Tools wie Jira oder Trello, die in vielen Softwareteams genutzt werden. In vielen Unternehmen existiert eine Abteilung Einkauf, die die Lizenzen für derartige Systeme beschafft. Eine solche Abteilung ist deshalb der Kunde des externen Lieferanten. Die Vertriebs- oder Softwareteams in diesem Beispiel sind hingegen die Anwender. Die Person, die bezahlt, hat bestimmte Anforderungen wie Bezahlbarkeit, schnelle Lieferzeit und Skalierbarkeit. Die Person, die das Produkt nutzt, hat jedoch möglicherweise andere Wünsche wie Nutzerfreundlichkeit, Performance und die richtigen Features oder Funktionalitäten.

In vielen Organisationen ist die Rede von »internen Kunden«. Diesen Begriff sollten Sie schnell wieder vergessen. Diese sogenannten internen Kunden sorgen nicht dafür, dass am Monatsende die Gehälter gezahlt werden. Dafür sorgen die Kunden – diejenigen, die die Rechnung bezahlen. Nennen Sie deshalb interne Kunden doch einfach Anwender oder Kollegen. Das soll nicht heißen, dass diese nicht wichtig sind. Diese Menschen können Sie auch in Ihre Stakeholder-Map aufnehmen. Sie sind sicher wichtige Stakeholder. Entscheidend ist, dass Sie als Product Owner genau wissen, wer Kunde, wer Anwender und wer Kollege ist. Damit können Sie dem Unternehmen helfen, den richtigen (externen) Fokus zu setzen.

Für welche Stakeholder nutzen Sie dieses Nein?

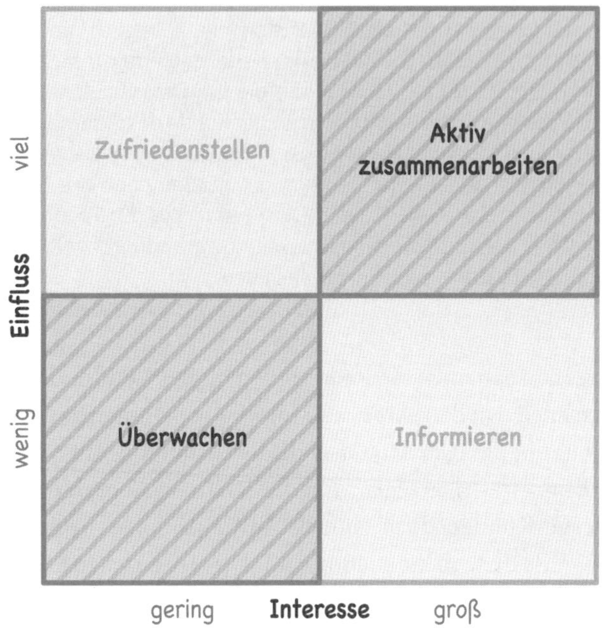

Abb. 4–2 *Anwendungsempfehlung für das Nein aus Sicht des Kunden/Anwenders*

Wäre es nicht großartig, wenn Sie dieses Nein aus Sicht des Kunden/Anwenders immer benutzen könnten? Jedem von uns ist doch klar, dass es darum geht, Kunden und Anwendern Wert zu liefern, oder? Leider ist das nicht in jeder Situation der Fall. Diese Form von Neinsagen ist zumindest für eine spezielle Stakeholder-Gruppe ungeeignet – für die Kunden und Anwender selbst. Sie werden wohl nicht zu Kunden sagen, dass Sie etwas deshalb nicht tun werden, weil sie (die Kunden) es nicht wollen. Das wäre doch etwas speziell. Diese Kategorie, Nein zu sagen, eignet sich am besten für Stakeholder mit ***großem Interesse und viel Einfluss (Aktiv zusammenarbeiten)*** und Stakeholder mit ***geringem Interesse und wenig Einfluss (Überwachen)***.

Man kann diese Art, Nein zu sagen, bei den Stakeholdern mit ***großem Interesse und viel Einfluss*** gut nutzen. Diese Key-Stakeholder haben ein großes Interesse am Erfolg des Produkts. Genau aus diesem Grund ist es für sie wichtig, die richtigen Dinge zu tun, die für Kunden und Anwender Wert liefern. Die Gruppe der Stakeholder mit ***geringem Interesse und wenig Einfluss*** hingegen hat wenig Interesse am Erfolg des Produkts. Diese Gruppe wird deshalb auch verstehen, dass Sie den Interessen der Kunden und Anwender Vorrang einräumen. Diese Neins sind deshalb auch für diese Gruppe sehr gut geeignet.

Die Gruppe der Stakeholder mit *geringem Interesse und viel Einfluss* hingegen ist weniger empfänglich für diese Neins. Diese Stakeholder haben oft nur ein geringes Interesse an Ihrem Produkt, verfügen jedoch über viel Einfluss innerhalb der Organisation. Und diese Stakeholder haben in vielen Fällen andere Interessen als Sie. Ihre Interessen erwachsen häufig aus ihrer (hierarchischen) Position. Diese Stakeholder sind zum Beispiel für eine Abteilung oder einen Bereich verantwortlich und ihr größtes Interesse ist in vielen Fällen, dass Ihr Produkt keine (negative) Auswirkung auf ihre Abteilung hat. Ein Operations Manager oder entsprechender Bereichsleiter hat beispielsweise ein Interesse an so wenig manuellen Arbeiten wie möglich, denn sein Bereich muss vor allem effizient sein. Ein Manager aus der Technischen Administration wird erwarten, dass die Dokumentation auf dem aktuellen Stand ist, sodass seine Abteilung das Produkt so effizient wie möglich in Betrieb nehmen kann. Sie merken schon, dass diese Abteilungen (bedauerlicherweise) nicht besonders an Ihrem Produkt oder dem Mehrwert Ihres Produkts für Kunden und Anwender interessiert sind. Für diese Stakeholder wird eine andere Kategorie Nein besser funktionieren.

Auch für die Stakeholder-Gruppe mit *großem Interesse und wenig Einfluss* ist diese Kategorie Nein weniger geeignet. In dieser Gruppe findet man oft verschiedene Arten von Stakeholdern. Durch deren Hintergrund funktioniert das »Nein aus Sicht des Kunden/Anwenders« häufig nicht sonderlich gut. Die erste Gruppe, die oft unter *großes Interesse und wenig Einfluss* platziert wird, sind die Kunden und Anwender selbst. Zudem werden beispielsweise Key User oder Kundenverbände stellvertretend für Kunden und Anwender hier eingeordnet. Logischerweise greift diese Kategorie Nein bei diesen Menschen nicht wirklich.

Die zweite Gruppe von Stakeholdern, die häufig in diesem Quadranten platziert wird, sind Project Management Offices, Projektmanager und Projektleiter. Deren Interesse besteht darin, ihr(e) Projekt(e) pünktlich, innerhalb des Budgets und konform zum vorab definierten Umfang zu liefern. Wie bereits in Kapitel 1 beschrieben, gelten in Projektorganisationen andere Erfolgskriterien als in Produktorganisationen. Angesichts der Tatsache, dass der Kundenwert keine zentrale Rolle spielt, funktioniert diese Kategorie Nein auch für diese Stakeholder-Gruppe nur bedingt. Doch obwohl sich diese Gruppe von dieser Kategorie Nein nicht direkt angesprochen fühlt, kann es hilfreich sein, sie zu nutzen. Unter Umständen können Sie diesen Stakeholdern dadurch bewusst machen, welchen Nutzen Ihr Produkt Kunden und Anwendern bringt. Gelingt es Ihnen, dieses Bewusstsein zu steigern, werden Sie möglicherweise auch die richtigen Gespräche führen – Gespräche, bei denen es um Mehrwert für Kunden und Anwender geht.

Sieben Formen dieser Kategorie Nein

8. Ich verstehe, dass Ihnen das wichtig ist. Allerdings wirkt sich die Umsetzung dieser Anforderung für einen Großteil unserer Kunden und Anwender nachteilig aus. Da mir wichtig ist, unsere Kunden und Anwender so gut wie möglich zu bedienen, werde ich diesen Wunsch nicht aufgreifen.
9. Wenn ich Sie richtig verstanden habe, dann geht es Ihnen um ... Dieses Feature ist von der Zielgruppe, auf die wir uns in der kommenden Zeit fokussieren werden, jedoch nicht angefordert. Deshalb sage ich zum aktuellen Zeitpunkt Nein. Vielleicht können Sie sich die Idee für einen späteren Zeitpunkt merken?
10. Wenn ich hierzu Ja sage, dann muss ich Kunden und Anwender enttäuschen, die unlängst geäußert haben, dass sie dieses Feature nicht im Produkt haben wollen. Deshalb sage ich Nein.
11. Interessant. Die anderen Stakeholder und ich waren auch der Meinung, dass das eine gute Idee sein könnte. Das Feature ist schon als Prototyp implementiert. Wir merken jedoch, dass es nicht viel zur Anwenderzufriedenheit beiträgt. Deshalb arbeiten wir daran nicht mehr weiter.
12. Dieses Feature zukünftig noch weiterzuentwickeln, hört sich nach einer interessanten Idee an. Allerdings liegt unser Fokus derzeit auf Produktverbreiterung, um auch andere Zielgruppen ansprechen und neue Kunden gewinnen zu können. Deshalb sage ich im Augenblick Nein.
13. Das klingt nach einer interessanten Funktionalität. Um Ja sagen zu können, fehlen mir allerdings Daten zur Validierung dieser Annahme. Würden Sie von (mindestens ...) Kunden und Anwendern Daten beschaffen, aus denen hervorgeht, dass sich diese die Funktionalität im Produkt wünschen?
14. Entschuldigen Sie bitte, angesichts der heutigen Marktlage und der aktuellen Kundenbedürfnisse schafft diese Idee zu wenig Mehrwert. Würden Sie diese Idee vielleicht zu einem späteren Zeitpunkt noch einmal vorstellen? Vielleicht ist das Thema in einem halben Jahr tatsächlich interessant.

Praxisbeispiel für diese Kategorie Nein

Frank arbeitet in einem Unternehmen, das Software und Dienstleistungen für Einrichtungen des Gesundheitswesens liefert. Frank ist Product Owner einer Selfservice-Lösung, mit der Mitarbeiter dieser Einrichtungen unter anderem Rechnungen einreichen, Urlaub beantragen oder Dienste tauschen können.

Die Selfservice-Lösung existierte schon einige Jahre, ehe Frank Product Owner wurde. Sie umfasste damals lediglich eine eingeschränkte Anzahl von Funktionalitäten. Es gab relativ wenig Kunden, die außerdem nicht allzu begeistert von der Lösung waren.

Die Vision war klar und deutlich: »Wir liefern unseren Kunden und Anwendern mit der Selfservice-Lösung ein Rundum-sorglos-Paket, indem wir alle administrativen und unterstützenden Prozesse in Einrichtungen des Gesundheitswesens automatisieren.«

Wollte Frank diese Vision mit Leben erfüllen, dann musste er intensiv mit Kunden und Anwendern zusammenarbeiten. Deshalb suchte er aktiv den Kontakt und besuchte regelmäßig verschiedene Organisationen, um Annahmen zu validieren, Prototypen zu testen, vor allem aber um ganz viele Fragen zu stellen.

Aus der Vertriebsabteilung, die aktiv mit der Vermarktung des Produkts und dem Sammeln von Nutzerfeedback bei (der beschränkten Anzahl von) Bestandskunden beschäftigt war, wurden regelmäßig Wünsche und Anforderungen an Frank herangetragen. Zudem gab es regelmäßig Anfragen zur Erweiterung bestehender Funktionalitäten. So kam Olivier, einer der erfahrenen Berater für die Produkteinführung, regelmäßig mit Ideen für die Rechnungsmodule zu Frank. Olivier erklärte, dass die Workflows der verschiedenen Rechnungsarten noch effizienter wären, wenn Rechnungen unterhalb eines bestimmten Betrags (der für jede Organisation individuell einstellbar sein muss) automatisch genehmigt werden können. Dann würden bestimmte Einträge, zum Beispiel mit einem Wert unter 10 Euro, nicht mehr dem Manager und der HR-Abteilung vorgelegt werden.

Frank hörte sich Oliviers Ausführungen aufmerksam an, denn mit Blick auf die Produktvision würde dieses Feature einen enormen Zugewinn bedeuten. Doch Franks wichtigstes Ziel war aktuell, mehr Anwender zu finden, sodass Annahmen zum Produkt schneller überprüft werden konnten. Deshalb sagte er zu Olivier: »Ich verstehe den Wunsch und habe keinerlei Zweifel, dass das ein wertvolles Feature für das Produkt wäre. Nichtsdestotrotz sage ich im Moment Nein. Unser Fokus ist derzeit das Verbreitern der funktionalen Basis des Produkts, um weitere Zielgruppen ansprechen zu können, statt bestehende Funktionen auszubauen. Aber vielleicht wird dieses Feature in einigen Monaten tatsächlich relevant. Würdest du die Idee deshalb dann noch einmal vorstellen?«

3 – Das Nein aus Sicht des Wertes

»The value is in what gets used,
not in what gets built.«

– Kris Gale –

Einleitung

Was war noch mal die ultimative Aufgabe des Product Owners? Genau! Den Wert des Produkts zu maximieren. Was »Wert« jedoch konkret für Ihr Produkt bedeutet, ist von vielen Faktoren abhängig – angefangen bei der Produktvision über den Kontext bzw. das Umfeld, die Art des Produkts, den Typ der Organisation, die Zielgruppe, die aktuelle Lebensphase des Produkts, die Zielstellungen, KPIs bis hin zu den Kunden und Anwendern. Da der Wert von so vielen Dingen beeinflusst wird, können Sie als Product Owner selbst entscheiden, was »Wert« für Ihr Produkt bedeutet. Das heißt aber auch, dass Sie selbst entscheiden, wie Sie diesen Wert messen werden.

Denkanstöße ...

Als Product Owner können Sie selbst entscheiden, was »Wert« für Ihr Produkt bedeutet und wie Sie diesen Wert messbar machen. Um herauszufinden, was für Ihr Produkt »wertvoll« ist, können Sie sich selbst, Ihren Stakeholdern, Kunden und Anwendern eine Reihe von Fragen stellen. Denken Sie doch einmal über die folgenden Fragen nach:

- Welchen Nutzen wollen wir für unsere Kunden und Anwender erzielen?
- Wie liefern wir unseren Kunden und Anwendern diesen Nutzen?
- Wie können wir den Nutzen für Kunden und Anwender messen?
- Wodurch können wir den Nutzen für Kunden und Anwender verbessern?
- Was wollen wir bei unseren Kunden und Anwendern, mit unseren Kunden und Anwendern und für unsere Kunden und Anwender erreichen?
- Wie können wir den Erfolg des Produkts messen?
- Welches Problem wollen wir lösen?
- Womit wollen wir unsere Kunden und Anwender begeistern?
- Wer sind unsere Kunden und Anwender? Welche Zielgruppe(n) kennen wir?

»Wertmaximierung« bedeutet in der Praxis vor allem »Entscheidungen treffen«, und zwar viele Entscheidungen treffen, also auch oft Nein sagen. Das Angebot an Produkten und Dienstleistungen ist gewaltig. Auf dem Markt wimmelt es von Produkten und Dienstleistungen. Und von vielen Produkten wird nur ein Bruchteil ihrer Funktionalität aktiv genutzt. Bei vielen Softwareprodukten kommen zum Beispiel lediglich zwanzig Prozent der Funktionen ständig zum Einsatz. Weitere zwanzig Prozent werden regelmäßig genutzt. Mehr als sechzig Prozent der Funktionalitäten kommen nie oder kaum zur Anwendung. Wenn man über »Wertmaximierung« nachdenkt, dann ist es jammerschade, so viele Funktionalitäten zu entwickeln, die nie benutzt werden. Schauen Sie sich nur Microsoft Excel an. Etwa achtzig Prozent aller Excel-Nutzer verwenden nicht einmal zwanzig Prozent aller Excel-Funktionalitäten. Excel hat somit einen viel größeren Funktionsumfang, als der normale Benutzer braucht. Wir wollen nicht Excel zur Diskussion stellen, doch man kann sich schon fragen, ob all diese Funktionalitäten wirklich ausreichend Wert liefern.

Als Product Owner können Sie dafür sorgen, dass Sie genau die zwanzig Prozent der wertvollsten Funktionalitäten zum Produkt hinzufügen. Die Kategorie des »Nein aus Sicht des Wertes« unterstützt Sie dabei, den Fokus auf dem Wert für Kunden und Anwender zu behalten. Daneben können diese Neins helfen, einen stärkeren externen Fokus zu schaffen.

Für welche Stakeholder nutzen Sie dieses Nein?

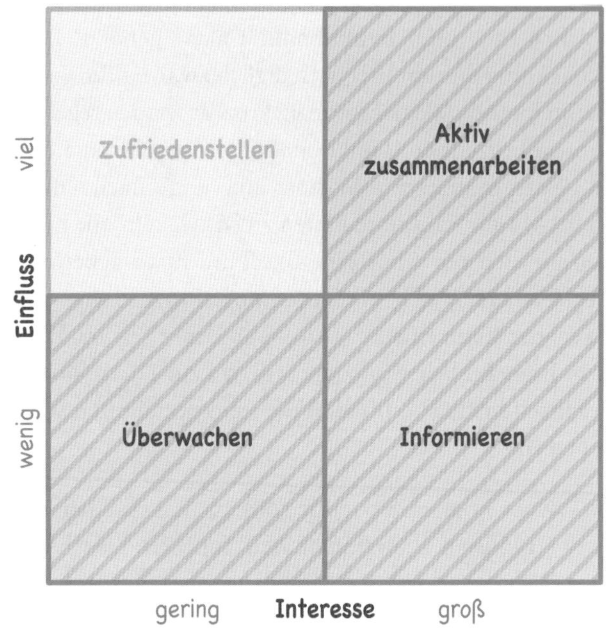

Abb. 4–3 *Anwendungsempfehlung für das Nein aus Sicht des Wertes*

Prinzipiell kann man diese Form des Neinsagens bei jedem Stakeholder nutzen. Schließlich liegt die Wertmaximierung in Ihrer Verantwortung als Product Owner. Wünsche und Anforderungen, die dem Produkt keinen Wert hinzufügen, können Sie aus dieser Verantwortung heraus zurückweisen. Die Praxis sieht jedoch etwas differenzierter aus, sodass zum Beispiel aufgrund von Fragestellungen aus Sicht des Gesetzgebers diese Art des Neinsagens nicht immer zum Einsatz kommen kann. Wenn ein Stakeholder zu Ihnen kommt, dann können Sie sich die Frage stellen: Hat dieser Stakeholder ein Interesse, weil er dem Kunden wirklich helfen will? Oder weil ein interner KPI unter Druck steht? Sie können bei Ihren Stakeholdern das Bewusstsein dafür schärfen, dass in Ihrer Rolle vor allem die Wertmaximierung für Kunden, Anwender und die Organisation im Vordergrund steht. Es geht nicht darum, alle internen KPIs wieder »in den grünen Bereich« zu bekommen. Ihr Ziel ist die Wertmaximierung.

Das »Nein aus Sicht des Wertes« eignet sich sehr gut für Stakeholder mit ***großem Interesse und viel Einfluss (Aktiv zusammenarbeiten)***, mit ***großem Interesse und wenig Einfluss (Informieren)*** und mit ***geringem Interesse und wenig Einfluss (Überwachen)***.

Stakeholder mit ***großem Interesse und viel Einfluss*** haben ein großes Interesse am Erfolg des Produkts. Diese Stakeholder wollen häufig wirklichen Wert für Kunden und Anwender liefern. Sie haben selbst viele Vorteile, wenn das Produkt gut angenommen und vielfältig genutzt wird. Ein erfolgreiches Produkt hilft in vielen Fällen auch ihnen, erfolgreich(er) zu sein.

In der Gruppe mit ***großem Interesse und wenig Einfluss*** befinden sich die Kunden und Anwender selbst. Ihnen geht es vor allem darum, dass Sie bei ihren Arbeitsprozessen, Tätigkeiten, Aktivitäten, Informationsbedürfnissen usw. Unterstützung erhalten. Ihr Interesse ist der Mehrwert des Produkts für sich und für ihre Kollegen.

Die Stakeholder mit ***geringem Interesse und wenig Einfluss*** haben wenig Interesse am Erfolg Ihres Produkts. Die Belange dieser Gruppe stimmen nicht per se mit den Bedürfnissen von Kunden und Anwendern überein. Diese Gruppe umfasst zum Beispiel Lieferanten oder andere Abteilungen innerhalb des Unternehmens. Für diese Gruppe ist Ihr Produkt nur *eines* von vielen Themen, mit denen sie sich beschäftigen. Deshalb kennen sie oft kaum Ihre Produktvision, den Markt, die Zielgruppe und das Produkt. Das ist Ihre Chance als Product Owner, diesen Stakeholdern bewusst zu machen, dass Sie Ihre Entscheidungen im Interesse der Kunden und Anwender treffen. Gleichzeitig eröffnen Sie sich die Möglichkeit, sie mit Ihrem Produkt, den Kunden und Anwendern besser vertraut zu machen.

Die Stakeholder mit *geringem Interesse und viel Einfluss* nehmen diese Art Nein oft weniger gut auf. Wie schon früher beschrieben, beschränkt sich das Interesse dieser Stakeholder an Ihrem Produkt nur auf ihre eigenen KPIs. Sie wollen vor allem sicherstellen, dass Ihr Produkt auf ihre Abteilung oder ihren Bereich keine negativen Auswirkungen hat. Solange die Auswirkungen positiv sind, ist von ihnen meist nichts zu hören oder zu sehen. Sie sollten jedoch keine Hemmungen haben, sie bezüglich ihrer Themen herauszufordern. Da sie oft nur auf ihre eigenen KPIs fokussiert sind, kann es nicht schaden, den Fokus regelmäßig auf den Mehrwert für Kunden und Anwender zu richten. Helfen Sie diesen Stakeholdern zu verstehen, dass es am Ende immer um den Wert für den Kunden geht.

An dieser Stelle noch eine abschließende Bemerkung, ehe Sie sich in die Neins dieser Kategorie vertiefen können. Viele Product Owner sind mit Anforderungen aus Gesetzgebung und Regularien konfrontiert. Bei nahezu jedem Product Owner stehen gewisse »Must-haves« im Product Backlog, um die er nicht herumkommt. Das »Nein aus Sicht des Wertes« kann dieses Problem nicht lösen oder ihm vorbeugen. Solche »Must-haves« wird es immer geben, in vielen Fällen in Kombination mit Deadlines, manchmal auch ohne. Diese Anforderungen aus Gesetzgebung und Regularien (oder Compliance) liefern häufig keinen positiven Wert für den Kunden. Es lässt sich jedoch der negative Wert beziffern, wenn Sie ihnen nicht nachkommen. Sie können diese Anforderungen auch als Risikoreduktion betrachten. Häufig lassen solche Anforderungen einen gewissen Spielraum. Oft weiß der Gesetzgeber selbst nicht so genau, was er will, deshalb sollten Sie diesen Spielraum nutzen, um die wertvollsten Dinge zuerst zu tun. Stellen Sie Fragen, schaffen Sie mit jedem Sprint Wert für den Gesetzgeber, sodass Sie Ihre Annahmen überprüfen können, und halten Sie nach Handlungsspielräumen Ausschau, um den Fokus wieder auf den Kunden zu verlagern.

Sieben Formen dieser Kategorie Nein

15. Wenn ich Sie richtig verstanden habe, dann geht es Ihnen um ... Doch trotz Ihrer deutlichen Erläuterungen ist mir unklar, wie diese Frage dazu beitragen kann, dass sich unser Produkt von anderen abhebt. Deshalb sage ich Nein.
16. Ich verstehe, dass das Ihnen und Ihrer Abteilung wichtig und dieser Wunsch für Sie sehr wertvoll ist. Doch wenn ich den Wert dieses Themas mit dem der anderen Anforderungen im Product Backlog vergleiche, dann ist deren Wert deutlich größer. Deshalb muss ich Nein sagen.
17. Ich verstehe, was Sie sagen, doch auch nach Ihren Ausführungen sehe ich noch nicht, inwieweit dieses Feature dazu beiträgt, den Wert des Produkts für unsere Kunden und Anwender zu maximieren. Deshalb sage ich Nein zu diesem Feature.
18. Das finde ich eine gute Idee! Meine Verantwortung ist jedoch, den Wert für Kunden und Anwender zu maximieren. Das bedeutet, dass wir nur die wertvollsten und besten zwanzig Prozent aller Ideen implementieren wollen. Das heißt, dass wir achtzig Prozent der »auch guten Ideen« nicht umsetzen. Diese Idee gehört für mich zu diesen achtzig Prozent und deshalb werden wir sie nicht weiter verfolgen.
19. Entschuldigen Sie bitte, leider kann ich diesen Wunsch nicht aufgreifen, denn wie soll ich den anderen Stakeholdern erklären, dass wir einen Wunsch mit relativ geringem Kundennutzen umsetzen und dafür andere, wertvollere Themen liegenbleiben.
20. Ich verstehe, dass dieser Bug für Sie ärgerlich ist. Dieses Szenario kommt jedoch so selten vor, dass es für das Unternehmen vorteilhafter ist, ab und zu manuell einzugreifen, als dass wir alles automatisieren. Deshalb lassen wir das Ganze jetzt erst einmal so, wie es ist.
21. Ich verstehe Sie, sehe aber nicht, wie dieses Thema zur Verbesserung unseres Kundennutzens beiträgt. Deshalb muss ich im Augenblick Nein sagen. Vielleicht können Sie herausfinden, wie häufig Kunden diesen Prozess nutzen, sodass wir Nutzen, Wert und Aufwand möglicherweise besser einschätzen können.

Praxisbeispiel für diese Kategorie Nein

Tommy ist Marketingexperte bei einer internationalen Beratungsgesellschaft. Er ist ein echter Alleskönner, der an Websites, Werbematerial, Videos und vielem mehr arbeitet. Tommy hat eine Doppelrolle inne, denn er ist einerseits Marketingexperte, auf der anderen Seite aber auch (ein bisschen) Product Owner. Regelmäßig wird er von Beratern, dem internationalen Marketingteam, dem Vertrieb und anderen gebeten, verschiedenste Aufgaben zu erledigen.

Einer der Berater kommt zu Tommy und fragt: »Kannst du mir einige Poster entwerfen, die ich während meiner Workshops mit den Kunden einsetzen kann? Im Augenblick kostet es mich vor jedem Workshop immer wieder viel Zeit, Flipcharts vorzubereiten, mit diesen Postern wäre es viel einfacher und kostengünstiger.«

Darauf antwortet Tommy: »Das klingt gut! Mir ist klar, dass du mit diesen Postern eine Menge Vorbereitungszeit bei deinen Workshops sparen kannst. Ich denke, wir kriegen da sicher etwas hin. Allerdings kann ich nicht sofort damit anfangen, denn wir sind intensiv mit der Vorbereitung eines großen Events beschäftigt, zu dem wir das Senior Management all unserer großen Kunden einladen werden. Der Wert der anderen Items im Product Backlog ist deshalb im Augenblick sehr viel höher als der deiner Poster. Deshalb muss ich dazu aktuell Nein sagen. Wenn du in den kommenden Monaten noch auf die bisherige Weise arbeiten kannst und danach noch einmal vorbeikommst, passt es meines Wissens besser.«

4 – Das Nein aus Sicht des Budgets

»When you're dressing on a budget,
simplicity is key.«

– Ne-Yo –

Einleitung

Ganz gleich, ob Sie als Product Owner Schreiber oder Entrepreneur sind, Sie wollen immer das Budget im Griff haben. Der Product Owner ist (gemäß Theorie) der Eigentümer des Budgets. In der Praxis trifft man jedoch viele Product Owner, denen ein direkter Einblick fehlt oder die sich nicht als Eigentümer des Budgets fühlen. Vielleicht liegt auch in Ihrem Umfeld die Budgetverantwortung nicht in der Verantwortung des Product Owners. Dennoch kann man sein Mandat vergrößern, indem man Verantwortung für das Budget übernimmt. Ihre Führungskraft, der CFO, der Abteilungsleiter oder der Geschäftsführer werden es zu schätzen wissen, wenn Sie proaktiv Kosten minimieren und Erträge maximieren.

Logischerweise ist es für Unternehmen wichtig, die Kosten unter Kontrolle zu haben. Sobald Sie vermitteln können, dass Sie Kosten und Budget im Griff haben, können Sie den Fokus Richtung Wert verschieben. Die Chancen stehen gut, dass Ihnen das in Ihrem Privatleben bereits gelingt. Sicher haben Sie in Ihrem Haushalt kein unbeschränktes Budget und so werden Sie nicht jede Woche exorbitant große Ausgaben tätigen. Sie wollen Ihr Geld sicher für Dinge ausgeben, die für Sie einen Wert besitzen. Und die gleiche Denk- und Handlungsweise wollen Sie auch auf Ihr Produkt anwenden!

Aus einer Budgetperspektive Nein zu sagen, kann helfen, Wünsche und Anforderungen bestimmter Stakeholder vorerst zurückzustellen. Möglicherweise, weil es dafür kein Budget gibt. Oder vielleicht, weil das Verhältnis zwischen Kosten und Erträgen unklar oder unangemessen ist. Manchmal sind Dinge wie »Wert« oder »von Kunden gewünscht« nicht ausreichend greifbar. Dann hilft es, Wert in Erträge zu übersetzen. Oder den Fokus stärker auf die Kosten zu richten. Es gibt nur wenige Stakeholder, die nicht begreifen, dass ein Budget in der Regel beschränkt ist. Aus Sicht dieses beschränkten Budgets haben Sie auch die Möglichkeit, Nein zu sagen.

Zum Budget gehören alle Dinge, die einen Einfluss auf die Kosten haben. Je umfangreicher also ein Wunsch ist, desto mehr Arbeit wird er erfordern und desto teurer wird er werden. Auch die Größe Ihres Entwicklungsteams spielt eine Rolle. Die Personalkosten haben ebenfalls Einfluss auf das Budget.

Für welche Stakeholder nutzen Sie dieses Nein?

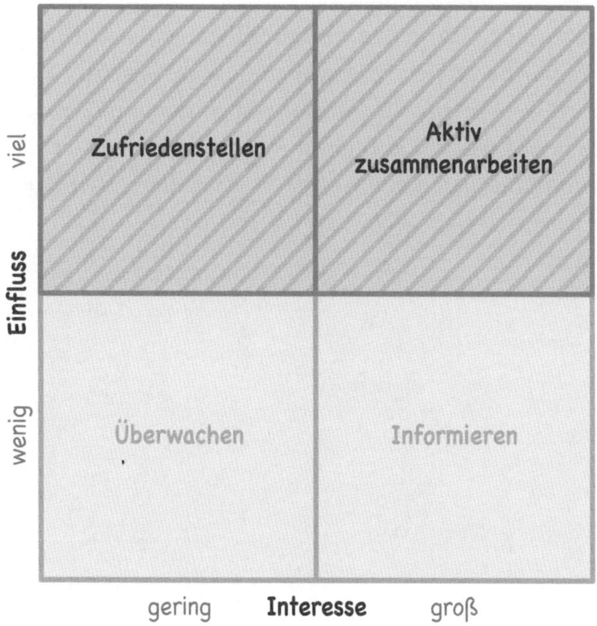

Abb. 4–4 *Anwendungsempfehlung für das Nein aus Sicht des Budgets*

Das Nein aus Sicht des Budgets ist für so gut wie jede Stakeholder-Gruppe anwendbar. Geld ist schließlich ein Grund, den wir alle begreifen. In der Praxis zeigt sich, dass vorwiegend Stakeholder mit ***viel Einfluss (Zufriedenstellen*** und ***Aktiv zusammenarbeiten)*** auf dieses Nein ansprechen. Dabei handelt es sich um Manager, Geschäftsführer oder Kunden (bzw. entsprechende Stellvertreter). Sie tragen Budgetverantwortung und ihnen ist wichtig, Budgetkontrolle zu haben. Deshalb wissen sie es zu schätzen, wenn Sie sich als Product Owner dieser Aufgabe bewusst annehmen. Das Maß an Interesse am Produkt ist in dieser Situation nicht so sehr von Bedeutung. Sowohl die Stakeholder mit ***großem Interesse und viel Einfluss*** als auch die ***mit geringem Interesse und viel Einfluss*** sind gleichermaßen an allen Themen rund um das Budget interessiert.

Die Stakeholder mit *geringem Interesse und wenig Einfluss* und die mit *großem Interesse und wenig Einfluss* interessieren sich weniger für Kosten und Budgets. Es kann jedoch hilfreich sein, ihnen diese Themen bewusst zu machen. Anwender haben häufig keine Vorstellung von den Kosten, die bei Produktentwicklung, Marketing, Erweiterung und Betrieb anfallen. Auf der anderen Seite haben sie viele Wünsche und Ideen. Als Product Owner können Sie die Anwender für die Kosten von Veränderungen sensibilisieren. Transparenz über Kosten und Budgets kann dafür ein Ansatz sein. Sie können Anwendern aber auch einfach die Frage stellen: »Ich kann verstehen, dass Sie das gerne haben wollen, aber haben Sie eine Vorstellung davon, was das kosten wird?«

Sieben Formen dieser Kategorie Nein

22. Wenn ich Sie richtig verstanden habe, dann geht es Ihnen um … Ich kann mir vorstellen, dass das für Sie wertvoll ist, doch ich will dafür aktuell kein Budget einsetzen.
23. Das hört sich nach einer interessanten Idee an. In nächster Zeit können wir dieses Thema jedoch nicht umsetzen, weil die Kapazität im Entwicklungsteam knapp ist. Wie es mit dieser Kapazität zu einem späteren Zeitpunkt aussieht, ist jetzt noch nicht abzusehen.
24. Entschuldigen Sie bitte, leider kann ich diesen Wunsch nicht in Angriff nehmen, denn die anderen Stakeholder haben im letzten Sprint-Review betont, dass sie kein Budget für Produkterweiterungen freigeben werden. Zuerst wollen wir das bisher eingesetzte Budget mit dieser ersten Produktversion wieder einspielen. Danach sehen wir weiter.
25. Ich kann mir gut vorstellen, dass das für Sie einen Wert besitzt. Als Product Owner sehe ich allerdings eine negative Bilanz zwischen dem potenziellen Wert und den zu erwartenden Aufwänden, der Nutzen wiegt die Kosten nicht auf. Deshalb muss ich Nein sagen.
26. Ich weiß zu wenig über das erforderliche Budget und den Return on Investment. Das hält mich davon ab, Ja zu sagen. Können Sie einen Business Case erstellen, sodass ich einen besseren Überblick bezüglich Kosten und Nutzen dieser Anforderung bekomme?
27. Entschuldigen Sie bitte, aber ich kann diese Idee nicht umsetzen, denn dieses Thema hat eine zu große Auswirkung auf die Total Cost of Ownership (TCO) des Produkts. Wenn wir diese Anforderung umsetzen, wird das Produkt im Unterhalt zu teuer. Es wäre unverantwortlich, dafür auch noch Budget zu verbrennen.
28. Wenn ich Sie richtig verstanden habe, geht es Ihnen um … Über wie viel Budget verfügen Sie, um dieses Feature umzusetzen? Ich erwarte, dass die Implementierung sehr teuer und zeitaufwendig wird. Ich selbst möchte dafür kein Budget einsetzen. Deshalb müssen Sie das Geld dafür beschaffen.

Praxisbeispiel für diese Kategorie Nein

Lieke ist Product Owner bei einem internationalen Versicherungsunternehmen und arbeitet mit einem Team, das Versicherungsprodukte für Privatpersonen entwickelt und pflegt. In Liekes Verantwortung liegt die Standardisierung des Produktportfolios, sodass die verschiedenen Versicherungsprodukte kostengünstiger und besser zu pflegen sind. Lieke arbeitet mit einem stabilen Scrum-Team zusammen. Das hat den großen Vorteil, dass die Kosten einfacher zu beherrschen sind, denn sie bestehen in erster Linie aus den Personalkosten der Teammitglieder. Die festen Sprints von zwei Wochen Länge machen es Lieke relativ leicht, die Kosten des Teams pro Sprint zu bestimmen. Zudem hat Lieke Überblick über die (mittlere) Kapazität des Teams.

Während eines der Sprint-Reviews wird Lieke von Rogier, dem kaufmännischen Geschäftsführer, angesprochen: »Sie haben gerade präsentiert, was im vergangenen Sprint geliefert wurde. Das hat mich begeistert, das sieht wirklich gut aus! Allerdings würde ich gern neue Anträge für unsere Autoversicherungsprodukte entwickeln. Unser Unternehmen hat in diesem Bereich große Wachstumsambitionen. Wie Sie sicher wissen, stehen wir an der Schwelle zum Zeitalter des autonom fahrenden Autos. Um uns dafür aufzustellen, müssen wir jetzt die richtigen Schritte unternehmen.« Lieke kann Rogiers Ansinnen gut verstehen und ist sich darüber im Klaren, dass das Unternehmen auf dieses Thema reagieren muss. Zugleich weiß sie um die Kapazität Ihres Teams, die tägliche Hektik und die anderen Prioritäten im Product Backlog.

Nach kurzem Schweigen erwidert sie: »Ich würde sehr gern mit dem Entwickeln dieser neuen Anträge beginnen. Und das nicht nur, weil das Team und ich es interessant finden oder weil wir gern innovativ tätig sein wollen, sondern auch weil wir die Marktchancen erkennen. Ich sehe nur einfach nicht, wie wir das hinbekommen können. Aktuell arbeiten wir intensiv an der Standardisierung unserer Motorradversicherungen und werden damit auch noch in den kommenden Monaten beschäftigt sein. Zudem wurde in Abstimmung mit dem Managementteam letzte Woche festgelegt, dass wir sofort im Anschluss die anderen Produkte standardisieren sollen. Mit diesen Standardisierungsprojekten können wir beachtliche Kosteneinsparungen realisieren. Ich verstehe, dass neue Anträge für Autoversicherungen uns eine Reihe von Chancen eröffnen können, doch ich kann in dieser Richtung nichts unternehmen, weil wir zu wenig Kapazität im Entwicklungsteam haben.«

5 – Das Nein aus Sicht des Timings

»If you are not embarrassed by the first version of your product, you've launched too late!«

– Reid Hoffman –

Einleitung

Ein wunderschöner kalter, sonniger Neujahrstag in einer weiß verschneiten Stadt. Die ersten ausgedienten Weihnachtsbäume stehen bereits am Straßenrand, hier und da schaut der Hals einer leeren Sektflasche aus dem Schnee und überall liegen noch die Reste vom Feuerwerk der vergangenen Nacht. Ja, es sind schöne Weihnachtsfeiertage gewesen und ein fröhlicher Start ins neue Jahr. Menschen gehen spazieren und atmen tief die klare, kalte Winterluft ein. Da fliegen plötzlich die Türen der Bäckerei »Leckermäulchen« auf. Der Bäcker ruft: »Leute! Wir haben es geschafft! Ist das nicht fantastisch?« Die Menschen, die soeben noch über den Marktplatz schlenderten, laufen neugierig zum Bäcker hinüber. »Meine Damen, meine Herren ...«, er erhöht noch einmal die Spannung. Die Menschen versammeln sich rund um den Bäcker. »Voller Stolz und nach Wochen harter Arbeit präsentiere ich Ihnen ... den goldenen Lebkuchen. Ein köstlicher Lebkuchen, gefüllt mit Marzipan und umhüllt von Schokolade! Kommen Sie, schauen Sie!«

Über Geschmack lässt sich bekanntlich streiten, doch die entscheidende Frage ist: Werden Sie diesen Lebkuchen kaufen, obwohl Weihnachten vorbei ist, das neue Jahr bereits begonnen hat und Sie sich eigentlich schon fast nach Osterlamm und bunten Eiern sehnen ...?

Das Beispiel zeigt, dass das richtige Timing ganz wesentlich ist, um den Wert eines Produkts maximieren zu können. Wird ein Produkt zu früh oder zu spät auf den Markt gebracht, kann das entscheidenden Einfluss auf seinen Erfolg haben. Zudem ist wichtig, dass Sie als Product Owner das richtige Verhältnis von Wert, Kosten, Nutzen, Risiko, Rechtsvorschriften und eben auch Timing finden. Timing ist ein wichtiger Aspekt von Wertmaximierung. Deshalb kann man aus Timing-Gesichtspunkten auch Nein zu seinen Stakeholdern sagen.

Für welche Stakeholder nutzen Sie dieses Nein?

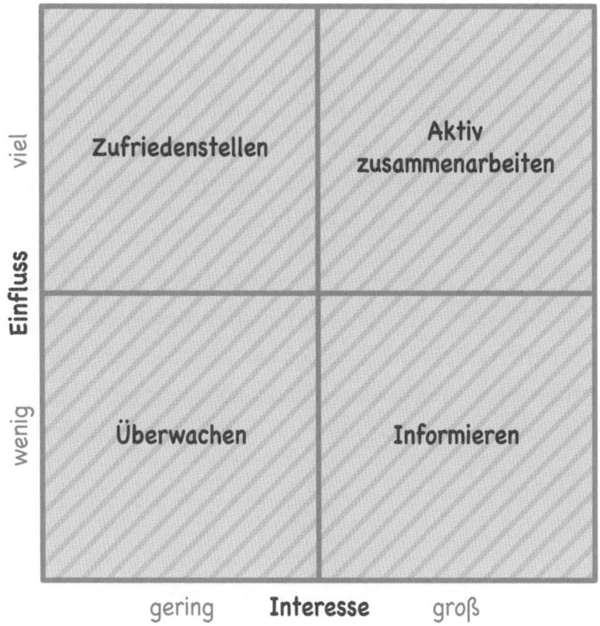

Abb. 4–5 *Anwendungsempfehlung für das Nein aus Sicht des Timings*

Das Nein aus Sicht des Timings können Sie bei nahezu allen Stakeholdern verwenden (***Zufriedenstellen***, ***Aktiv zusammenarbeiten***, ***Überwachen*** und ***Informieren***). Timing kann man unabhängig von Interesse und Einfluss der Stakeholder als Begründung einsetzen. Sie können sich bezüglich des Timings die folgende Frage stellen: »Müssen wir das ***jetzt*** machen?« Diese Frage können Sie auch Ihren Stakeholdern stellen. Bei Timing fallen Ihnen wahrscheinlich Wünsche und Anforderungen ein, die mit einer Deadline verbunden sind, z.B. neue Gesetze oder Regelwerke. Möglicherweise denken Sie dabei aber auch an die Einstellung des Supports für ein bestimmtes System, weil dessen Version seit Langem veraltet ist. Man kann auch bewusst ein Produkt zu einem bestimmten Zeitpunkt auf den Markt bringen, um Feedback einzuholen oder Vorbestellungen zu generieren. Filme und Videospiele sind dafür gute Beispiele. Sie werden häufig kurz vor Weihnachten in den Handel gebracht.

Viele Unternehmen stehen vor der Herausforderung, alte Systeme auf neue zu migrieren. Ganz gleich, ob es sich dabei um eine neue Website, ein Betriebssystem-Update oder eine völlig neue Anwendung handelt – immer wieder stellt sich die Frage, wie viele der alten Funktionalitäten (eins zu eins) in das neue System übernommen werden sollen. Geht das überhaupt? Ist das eigentlich nötig oder wünschenswert? Ihre Stakeholder werden diesbezüglich unterschiedliche Interessen haben. Auch hier spielt Timing eine entscheidende Rolle. Vielleicht übernehmen Sie wirklich einen Teil der alten Funktionalität in das neue System – die Frage ist nur, was davon *jetzt* übernommen werden muss und was warten kann.

Lassen Sie sich von den unterschiedlichen Varianten von Nein dieser Kategorie inspirieren. Einen entscheidenden Nachteil hat diese Kategorie jedoch, obwohl das Nein aus Sicht des Timings bei allen Stakeholder-Gruppen gleichermaßen anwendbar ist: Man kann diese Neins nur »im richtigen Moment« vorbringen. Es sei denn, es geht um eine Timing-relevante Fragestellung.

Sieben Formen dieser Kategorie Nein

29. Wenn ich hierzu Ja sage, dann greifen wir zu weit vor. Wir müssen im Augenblick erst einmal dafür sorgen, dass das Produkt von Kunden und Anwendern aktiv genutzt wird. Bis die tägliche Nutzung einen zufriedenstellenden Stand erreicht hat, will ich deshalb in nächster Zeit keine neuen Features hinzufügen.
30. Wie schade, dass Sie mit dieser Idee erst jetzt zu mir kommen. Vor drei Monaten hätte das ein Volltreffer werden können, doch dafür ist es inzwischen zu spät. Dieses Thema möchte ich jetzt nicht mehr umsetzen.
31. Wenn ich Sie richtig verstanden habe, geht es Ihnen um ... Allerdings lassen uns die vielen aktuellen Deadlines dafür keinen Raum. Wir müssen gerade in viel zu kurzer Zeit ungeheuer viel schaffen. Deshalb kann ich dieses Thema im Augenblick wirklich nicht umsetzen.
32. Das hört sich nach einer interessanten Idee an. Wir befinden uns jedoch im Augenblick noch in einem zu frühen Stadium, um diese Anforderung umzusetzen. Zuerst müssen wir das Produkt am Markt testen, um die aktuellen Investitionen zu rechtfertigen. Würden Sie sich diese Idee bitte merken? Möglicherweise ist sie zu einem späteren Zeitpunkt von Bedeutung.
33. Ich kann Sie gut verstehen, doch unser Produkt befindet sich in der letzten Phase seines Produktlebenszyklus. Wir wollen es so schnell wie möglich ausgliedern und ersetzen. Deshalb führen wir derzeit nur die absolut notwendigen Wartungsarbeiten durch. Neue Anforderungen und Ideen werden aller Voraussicht nach im neuen Produkt implementiert. Merken Sie sich diese Idee deshalb bitte für einen späteren Zeitpunkt, aktuell muss ich dazu Nein sagen.
34. Wenn ich hierzu Ja sage, werden sich viele Anforderungen verzögern, weil ich damit die Fokussierung des Entwicklungsteams störe. Das Entwicklungsteam arbeitet derzeit für einen anderen Bereich innerhalb des Unternehmens. Würden Sie diese Anforderung deshalb vorerst zurückstellen und, wenn sie dann noch immer relevant ist, in einigen Monaten erneut vorstellen?

35. Ich halte das für eine interessante Idee. Aktuell sind wir jedoch darauf fokussiert, den Anforderungen aus einem Compliance-Projekt zu entsprechen. Neue Features werden erst wieder nach Abschluss dieses Projekts implementiert. Können Sie sich diese Idee deshalb vorläufig noch merken?

Praxisbeispiel für diese Kategorie Nein

Wir sind zurück bei Frank, dem Product Owner eines Selfservice-Produkts für Einrichtungen des Gesundheitswesens. Frank konnte inzwischen etliche Sprints in die Weiterentwicklung der Selfservice-Lösung investieren und ist so seiner Vision ein gutes Stück nähergekommen. Bei Kunden und Anwendern wächst die Begeisterung für das Produkt und im Unternehmen kommt eine positive Stimmung auf. Diese positive Stimmung erreicht auch Mats, einen der Berater für die Produkteinführung. Mats ist häufig bei Kunden vor Ort und unterstützt sie vor allem bei der Implementierung und Nutzung der HR- und Gehaltsabrechnungssoftware.

Nach einem der Sprint-Reviews kommt Mats zu Frank und sagt: »Frank, ich bin letzte Woche bei einer Reihe unserer Kunden gewesen. Dabei habe ich zufällig ein Gespräch über die Gehaltsbescheinigungen mit angehört, die wir an sie liefern. Sie würden gern ihren Mitarbeitern die Wahl bieten, ob sie die Gehaltsbescheinigung digital oder auf Papier erhalten wollen. Können wir das in unserer Selfservice-Lösung umsetzen?«

»Wie schade, dass du mit diesem Wunsch erst jetzt zu mir kommst!«, antwortet Frank. »Vor ein paar Monaten wäre das eine richtig gute Idee gewesen, doch inzwischen hat sich das Thema erledigt. Gemeinsam mit den Stakeholdern haben wir entschieden, dass wir unseren Kunden eine interaktive Gehaltsbescheinigung anbieten werden. Darin können sie alle Zahlen anklicken und die dahinterliegenden Details und gesetzlichen Regelungen einsehen, sodass die Gehaltsbescheinigung viel besser zu verstehen ist. Damit wird die alte Lösung überflüssig.«

6 – Das Nein aus Sicht der Auswirkung auf das Umfeld

»Nobody is as strong as everybody.«

– Paul B. Carroll und Chunka Mui –

Einleitung

In vielen (großen) Unternehmen liegen Entwicklung, Betrieb und Wartung eines Produkts nicht in der Hand *eines* Teams. Oft sind mehrere Teams, Abteilungen und Unternehmensbereiche involviert. Noch komplizierter wird es, wenn zusätzlich die Zusammenarbeit mit Lieferanten und externen Interessengruppen hinzukommt. Zudem unterscheiden viele Unternehmen zwischen »Run« (Betreiben) und »Change« (Verändern, Anpassen). Oder anders gesagt: Die Teams, die das Produkt entwickeln, sind andere als die Teams, die es betreiben, vermarkten, verkaufen oder liefern. Deshalb sind viele Product Owner mit einer Vielzahl verschiedener Stakeholder und deren individuellen Interessen konfrontiert.

Diese verschiedenen Stakeholder-Interessen lassen sich gut gegeneinander abwägen. Was für den einen Stakeholder positiv ist, kann für den anderen Stakeholder negativen Wert liefern. Was für den einen enorm wichtig ist, interessiert einen anderen vielleicht überhaupt nicht. Als Product Owner schaffen Sie Transparenz über diese unterschiedlichen Interessen und deren Auswirkungen. So können Sie den Stakeholdern helfen, das große Ganze zu sehen, einmal durch eine andere Brille zu schauen und mehr wahrzunehmen als lediglich ihre eigenen Interessen und Verantwortlichkeiten. Da Sie als Product Owner permanent mit verschiedensten Stakeholdern und Interessen konfrontiert sind, ist es nicht verwunderlich, dass Sie das Thema »Auswirkung« gut zum Neinsagen nutzen können.

Für welche Stakeholder nutzen Sie dieses Nein?

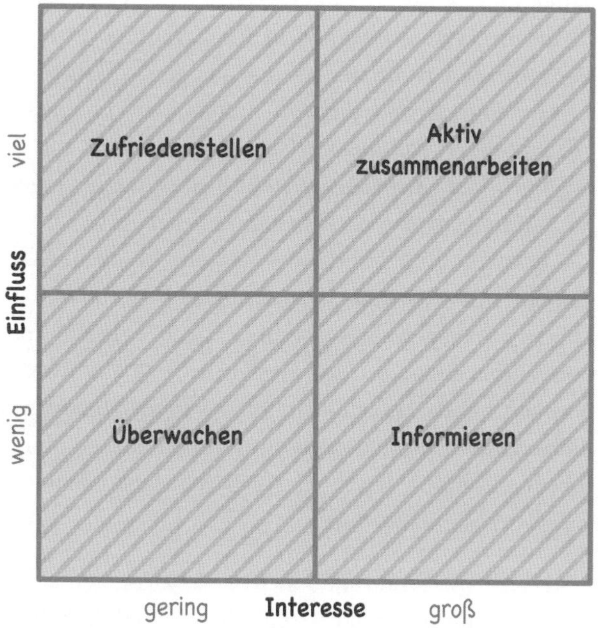

Abb. 4–6 *Anwendungsempfehlung für das Nein aus Sicht der Auswirkung auf das Umfeld*

Das Nein aus Sicht der Auswirkung auf das Umfeld lässt sich im Prinzip bei allen Stakeholdern anwenden (***Zufriedenstellen***, ***Aktiv zusammenarbeiten***, ***Überwachen*** und ***Informieren***). Mit diesem Typ Nein werden die Stakeholder gezwungen, auf das große Ganze zu schauen. Viele Stakeholder kümmern sich in erster Linie um ihre persönlichen Interessen und die ihrer Abteilung. Es ist völlig legitim, diese Interessen im Blick zu behalten, doch als Product Owner haben Sie eher einen ganzheitlichen Blick. Wenn Sie auf das große Ganze oder das übergeordnete Ziel schauen, fällt es Ihnen leichter, den Wert des Produkts zu maximieren. Natürlich können Sie intensiv am Erfolg Ihrer eigenen Abteilung arbeiten, doch was bringt das Ihrem Unternehmen, wenn Sie dabei keinen (direkten) Wert für Ihre Kunden oder Anwender schaffen?

Sicher begegnen Ihnen auch Stakeholder, die nicht die gesamte Prozesskette überblicken (können). Solche Stakeholder haben aus ihrer Perspektive vielleicht wirklich wichtige Anforderungen, doch wenn Sie als Product Owner über die gesamte Kette schauen, ist ein solches Thema möglicherweise nicht mehr so bedeutsam. Deshalb liegt es in Ihrer Verantwortung als Product Owner, Ihren Stakeholdern immer wieder das große Ganze vor Augen zu führen. Das ist oft einfacher möglich bei Stakeholdern mit ***großem Interesse und viel Einfluss (Aktiv zusammenarbeiten)*** und solchen mit ***geringem Interesse und viel Einfluss (Zufriedenstellen)***. Dabei handelt es sich meist um Stakeholder auf Management- oder Vorstandsebene, die schon aufgrund ihrer Position einen besseren Blick auf die Prozesskette besitzen. Auch die Stakeholder mit ***großem Interesse und wenig Einfluss (Informieren)*** haben unter Umständen bereits einen gewissen Überblick, doch vielleicht kostet es etwas mehr Aufwand, ihren Blick auf den Gesamtprozess auszuweiten. Den geringsten Überblick haben Stakeholder mit ***geringem Interesse und wenig Einfluss (Überwachen)***. Da sie oft nur am Rande mit Ihnen und Ihrem Produkt in Berührung kommen, verfügen sie über keinen oder nur wenig Einblick in die Gesamtzusammenhänge.

Vielleicht werden Sie die Erfahrung machen, dass von den acht Kategorien Nein in diesem Buch diese hier die »freundlichste« ist. Mit den verschiedenen Neins aus diesem Abschnitt können Sie nicht nur Nein sagen, sondern auch ein Gespräch mit Ihren Stakeholdern beginnen. Mit diesen Arten von Nein können Sie diese dazu einladen, sich mehr Überblick über das Produkt, das Unternehmen, die Kunden und die Anwender zu verschaffen. Indem Sie ihnen mehr Einblick in das große Ganze vermitteln, machen Sie zugleich deutlich, dass sich die Anforderung des einen Stakeholders nicht immer mit der eines anderen verträgt. Als Product Owner können Sie dieses Gespräch lenken und Ihre Stakeholder selbst herausfinden lassen, ob ihre Anforderung wirklich so wertvoll ist, wie sie dachten.

Sieben Formen dieser Kategorie Nein

36. Ich verstehe, dass Ihnen Effizienz wichtig ist. Ich muss allerdings auch die Interessen anderer Abteilungen und unserer Kunden berücksichtigen. Aus dieser ganzheitlichen Perspektive halte ich es aktuell für akzeptabel, dass innerhalb Ihrer Abteilung vorerst mehr manuelle Arbeiten ausgeführt werden müssen, bis wir auf anderen Gebieten zusätzliche Sicherheit gewonnen haben.
37. Die politische Sensibilität dieses Themas hält mich davon ab, Ja zu sagen. Wenn wir diese Features implementieren, hat das massive Auswirkungen auf andere Abteilungen. Vielleicht können Sie Ihre Idee kommende Woche im Sprint-Review im Beisein der anderen Stakeholder vorstellen? Ich bin gespannt, wie diese darüber denken.
38. Wenn ich Sie richtig verstanden habe, geht es Ihnen um ... Versuchen Sie sich einmal in meine Lage zu versetzen. Beziehen Sie doch einmal die anderen Anforderungen aus dem Product Backlog und deren Wert in die Abwägung ein. Welche Stakeholder würden Sie dann enttäuschen, um Ihr eigenes Thema umsetzen zu können?
39. Wenn ich hierzu Ja sage, muss ich alle anderen Stakeholder enttäuschen, da von ihnen dieses Thema nicht gewünscht wird. Diese Fragestellung hat beträchtliche Auswirkungen auf das Umfeld, deshalb muss ich aktuell Nein sagen.
40. Ich kann verstehen, dass das für Sie wichtig ist, doch wir werden in der kommenden Zeit bereits viele Anforderungen für Ihre Abteilung umsetzen. Als Product Owner muss ich mich auch um meine anderen Stakeholder kümmern, die ebenfalls viele wertvolle Ideen einbringen. Wenn Sie dieses Thema gern umsetzen wollen, müssten Sie im Gegenzug auf andere Anforderungen mit vergleichbarem Aufwand verzichten. Was hat für Sie Vorrang?
41. Ich kann verstehen, dass das für Sie wichtig ist, doch für die Umsetzung brauche ich die Unterstützung der anderen Stakeholder. Würden Sie diese Idee während des nächsten Sprint-Reviews vorstellen? Dann können wir gemeinsam mit den anderen Stakeholdern herausfinden, was sie davon halten.

42. Ich kann Sie gut verstehen, doch würden Sie diese Anforderung bitte mit Ihrem Vorgesetzten besprechen. Mit ihm und den anderen Key-Stakeholdern treffe ich mich einmal im Monat, um die Produkt-Roadmap anzupassen. Wenn Sie ihm diesen Wunsch vorstellen, dann können wir in der nächsten Roadmap-Runde darüber sprechen.

Praxisbeispiel für diese Kategorie Nein

Lauren ist Product Owner eines Business-Intelligence-Teams. Dieses Team ist dafür verantwortlich, Managementreports und Dashboards für alle Abteilungen innerhalb des Unternehmens zu liefern. Da jede Abteilung ihre eigenen Anforderungen und Informationsbedürfnisse hat, arbeitet Lauren innerhalb des Unternehmens mit vielen verschiedenen Stakeholdern zusammen. Deshalb muss sie gut abwägen, wofür sie die Kapazität des Teams einsetzt.

Marianne, Operations Manager und eine von Laurens wichtigsten Stakeholdern, hat ein enormes Informationsbedürfnis. Sie trägt die Verantwortung für die Effizienz aller operationellen Aktivitäten. Marianne genießt großes Ansehen innerhalb des Unternehmens und ist ein geachtetes Mitglied des Managementteams. Lauren trifft sich regelmäßig mit ihr, um sich über das Geschehen innerhalb des Unternehmens zu informieren und dafür zu sorgen, dass sie Marianne so gut wie möglich bezüglich der Informationsbedürfnisse ihrer Abteilung unterstützen kann. Während eines dieser Treffen äußert Marianne, dass sie gern einen neuen Report haben will, der so schnell wie möglich umgesetzt werden muss.

In den vergangenen Sprints ist es häufiger zu solchen Situationen gekommen. In Gesprächen mit anderen Stakeholdern kam wiederholt zur Sprache, dass aufgrund der vielfältigen Wünsche und Anforderungen der Operations-Abteilung die Themen der anderen Abteilungen häufig hintenangestellt werden. Auch in diesem Sprint sind wieder etliche von Mariannes Aufgaben eingeplant, obwohl Lauren klar ist, dass auch die Abteilungen Finanzen, HR, IT und Marketing dringende Anforderungen haben.

→

Deshalb antwortet Lauren auf Mariannes Anfrage wie folgt: »Mir ist klar, dass dieser neue Report für Sie wichtig ist. Für die kommenden Sprints sind jedoch für Ihre Abteilung bereits viele Anpassungen an bestehenden Reports und etliche Anforderungen bezüglich neuer Reports eingeplant. Ich bin mir sicher, dass all diese Dinge für Sie und Ihre Abteilung von großem Wert sind. Doch als Product Owner des BI-Teams sind auch die Manager der anderen Abteilungen für mich wichtige Stakeholder. Auch sie haben viele Wünsche und Ideen und auch sie haben Bedarf an neuen Reports. Und sowohl in den vergangenen als auch in den kommenden Sprints wurden und werden eine Menge Anforderungen der Operations-Abteilung umgesetzt. Ich muss mich auch um die anderen Stakeholder kümmern. Wenn Sie diesen Report unbedingt haben wollen, werden Sie auf eine der bereits eingeplanten Anforderungen verzichten müssen.«

Marianne ist schon einigermaßen überrascht von Laurens Nein. Das passiert ihr als geachtete Managerin innerhalb des Unternehmens nicht oft. Allerdings kann sie Laurens Problem nachvollziehen und entscheidet sich, auf ein anderes Backlog Item zugunsten ihres neuen Reports zu verzichten.

7 – Das Nein aus Sicht der Qualität

»Do or do not. There is no try.«

– Yoda –

Einleitung

Scrum bedeutet im Kern, in jedem Sprint Ergebnisse abzuliefern, die fertig (Done) sind. Für viele Unternehmen scheint das jedoch äußerst komplex zu sein, unter anderem wegen der Vielzahl von Systemen, der Komplexität der Architektur, überfälliger Wartungsarbeiten und einem Mangel an Automatisierung beispielsweise bei der Auslieferung und bei den Tests (technische Schulden). Deshalb ist die Definition of Done (DoD) ein so wichtiger Bestandteil von Scrum. Diese Definition of Done stellt sicher, dass das Entwicklungsteam am Ende jedes Sprints ein Stück des Produkts liefert, das wirklich »fertig« bzw. »Done« ist. Dieses fertige Stück Arbeit (»Done«) erfüllt alle gestellten Qualitätsanforderungen, wie z.B. Tests, gesetzliche Regelungen und andere (interne oder externe) Qualitätsansprüche. Die Anwendung der Definition of Done garantiert, dass kontinuierlich Qualität geliefert wird. Bei Scrum wird Qualität großgeschrieben. Daran führt kein Weg vorbei.

Als Product Owner können Sie das Entwicklungsteam dabei unterstützen, gleichbleibend hohe Qualität zu liefern. Zum Beispiel indem Sie das Team ermutigen, die Arbeit gemäß der Definition of Done wirklich fertigzustellen. Vermeiden Sie offene Themen. Am hilfreichsten ist es jedoch, wenn Sie so wenig wie möglich auf Deadlines drängen. Unter dem Druck von Deadlines verzichten viele Entwicklungsteams auf Qualität. Die Deadline zu halten wird dann wichtiger, als ein qualitativ hochwertiges Produkt zu liefern. In der Folge muss die Qualität im Nachhinein »in Ordnung« gebracht werden. Doch erst im Anschluss Qualität zu schaffen ist um vieles teurer, als sofort gute Qualität zu liefern. Deshalb sollten Sie als Product Owner lieber bewusst etwas weniger liefern, das wirklich fertig ist, als eine Menge Features von geringerer oder gar schlechter Qualität.

Praxisbeispiel zur Illustration

Stellen Sie sich einmal die Holzfensterrahmen einer Wohnung vor. Wenn Sie die alle vier bis fünf Jahre streichen, bleibt deren Qualität gut und die Fensterrahmen werden so viel länger halten. Zeit und Kosten, um alle vier bis fünf Jahre die Rahmen erneut zu streichen, sind relativ gering. Darüber hinaus sind gut gepflegte und gestrichene Fensterrahmen auch viel vorteilhafter, wenn Sie die Wohnung verkaufen. Pflegen Sie die Fensterrahmen jedoch zehn Jahre lang gar nicht, dann werden viel mehr Reparaturarbeiten erforderlich. Das Abschleifen und Streichen kostet dann viel mehr Zeit. Möglicherweise müssen Sie sogar alle Rahmen erneuern, weil das Holz verrottet ist. Qualität im Nachhinein herzustellen ist also viel teurer, als von Anfang an Qualität zu liefern und sie danach auf einem hohen Niveau zu halten (durch das Ausführen von Wartungsarbeiten).

Ein anderer wichtiger Aspekt rund um Qualität betrifft die Transparenz bezüglich der Qualitätsanforderungen und die Art und Weise ihrer Umsetzung (oder Nichtumsetzung). Produkte zu liefern, die nicht den Qualitätsanforderungen und/oder -erwartungen entsprechen, kann unangenehme und ärgerliche Folgen haben, z.B. Imageverlust, abwandernde Kunden und unter Umständen sogar Schadensersatzforderungen. Qualität wird deshalb großgeschrieben. Etwas ist fertig oder es ist nicht fertig. Es gibt kein »fast fertig« oder »noch nicht ganz fertig«. Respektieren Sie als Product Owner diese einfache Tatsache und helfen Sie Ihren Stakeholdern, es ebenfalls zu verstehen und zu beachten. Diese Kategorie heißt deshalb auch »das Nein aus Sicht der Qualität«.

Praxisbeispiel zur Illustration

Im Laufe der Entwicklung einer E-Bike-Website wurde deutlich, wie wichtig »Done« und Qualität sind. Ziel des Projekts war, eine Website zu liefern, über die E-Bikes online angeschaut, verglichen und bestellt werden können. Das Projekt wurde mit einer Art »Scrum« angepackt. In jedem Sprint-Review präsentierte das Entwicklungsteam, wie schön die Website geworden war. Jedes Mal war die Website wieder etwas schneller, schöner, besser geworden und es waren neue Features hinzugekommen. Während eines dieser Sprint-Reviews rief plötzlich einer der Stakeholder: »Wow, das ist cool! Das ist genau das, was wir brauchen. Ich würde die Website am liebsten sofort produktiv setzen. Geht das?« Auf diese begeisterte Reaktion antwortete das Entwicklungsteam zögerlich: »Produktiv setzen? … (Stille) … Das geht gar nicht. Wir brauchen sicher noch Monate, um alles fertigzustellen … was wir bisher gezeigt haben, sind nur klickbare Prototypen mit Daten, die wir uns selbst ausgedacht haben.« Daran kann man gut erkennen, wie Ungenauigkeit und Mangel an Transparenz zu unklaren Absprachen und somit auch zu schlechter Qualität führen.

Für welche Stakeholder nutzen Sie dieses Nein?

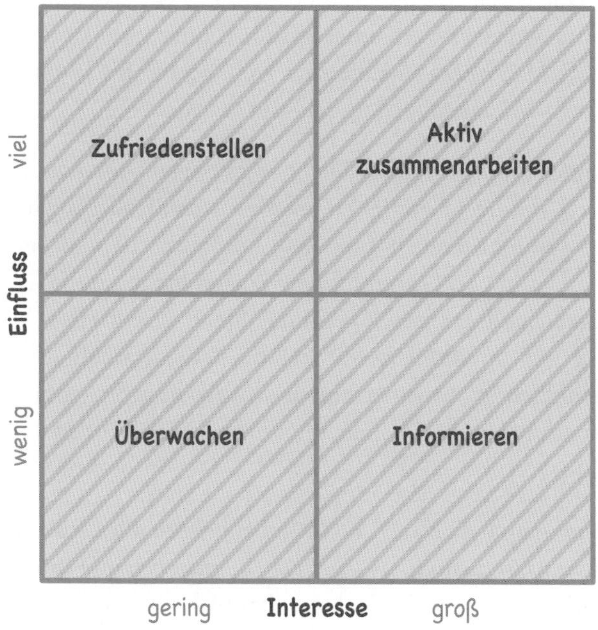

Abb. 4–7 *Anwendungsempfehlung für das Nein aus Sicht der Qualität*

Qualität wird also großgeschrieben. Und obwohl es schon schwierig genug ist, Produkte guter Qualität zu liefern, kommt häufig auch noch Druck hinzu. Druck durch Stakeholder, die Produkte schnell geliefert bekommen oder in den Markt einführen wollen. Dadurch passiert es häufiger, dass Qualität infrage gestellt wird. Vielleicht können auch Sie diese im Widerstreit stehenden Interessen (Geschwindigkeit vs. Qualität) regelmäßig in den Gesprächen mit Ihren Stakeholdern beobachten.

Für Stakeholder einer Abteilung IT-Operations (die sich mit 2nd-Level-Support und Produktstabilität beschäftigen) besitzen Qualität und Stabilität des Produkts einen hohen Stellenwert. Sie wünschen sich, dass das Produkt gut dokumentiert und stabil ist. Sie wollen, dass durch das Produkt möglichst wenig zusätzliche Serverlast verursacht wird und dass es einfach zu betreiben ist. Für diese Stakeholder-Gruppe ist Qualität viel wichtiger als Entwicklungsgeschwindigkeit und Flexibilität. Aus Sicht kommerzieller Abteilungen hingegen sind gerade diese beiden Dinge entscheidend. Sie wollen an ihre Kunden liefern, und das am besten sofort. Kunden und Anwender wollen beides. Doch weil das nicht immer möglich ist, wünschen sie sich vor allem ein ausgewogenes Verhältnis zwischen Entwicklungsgeschwindigkeit und Qualität. Als Nutzer möchte man kein schlechtes Produkt, man will aber auch nicht Monate oder Jahre darauf warten.

Im Allgemeinen sind es Stakeholder mit ***geringem Interesse***, die »innerer Qualität« den Vorzug geben. Ihnen nützt es, wenn Kollegen aus dem Unternehmen das Produkt einfach anpassen, konfigurieren und betreiben können. Stakeholder mit ***viel Interesse*** bevorzugen hingegen oft Entwicklungsgeschwindigkeit und »externe Qualität«. Ihnen ist vor allem wichtig, dass das Produkt gut funktioniert, die richtigen Funktionalitäten bietet und benutzerfreundlich ist. Darüber hinaus wollen diese Stakeholder, dass sich das Produkt schnell und einfach an die Wünsche der Kunden und Anwender anpassen lässt.

Deshalb kann man diese Kategorie Nein bei nahezu allen Stakeholdern (***Zufriedenstellen***, ***Aktiv zusammenarbeiten***, ***Überwachen*** und ***Informieren***) einsetzen. Häufig kann man die Stakeholder auch einfach fragen, was ihnen wichtig(er) ist – Entwicklungsgeschwindigkeit oder Qualität? Auch Sie in Ihrer Rolle als Product Owner können sich die Frage stellen, ob Sie bereit sind, geringe Qualität zu liefern. Wenn Ihr Entwicklungsteam Verantwortung für seine Arbeit übernimmt, wird es nichts ausliefern wollen, das nicht der Definition of Done und somit den Qualitätsanforderungen genügt.

Sieben Formen dieser Kategorie Nein

43. Ich kann verstehen, dass das für Sie wichtig ist, doch die Tatsache, dass diese Idee die (zukünftige) Qualität des Produkts gefährdet, hält mich davon ab, Ja zu sagen. Sie könnte einen negativen Einfluss auf die Performance des Produkts haben.
44. Das hört sich nach einer interessanten Idee an. Allerdings zieht diese Änderung enorme technologische Auswirkungen nach sich. Sie erfordert eine massive Veränderung der Produktarchitektur, was aus Qualitätsgesichtspunkten nicht wünschenswert ist. Deshalb können wir das nicht umsetzen.
45. Ich kann Sie gut verstehen, dennoch werden wir diese Anforderung nicht umsetzen. Schließlich will ich nicht Product Owner einer sogenannten eierlegenden Wollmilchsau sein. Weshalb ich das sage? Weil eine eierlegende Wollmilchsau ein Produkt ist, das möglichst alles können soll. Dabei werden immer wieder viele Kompromisse geschlossen, um Konsens zu erreichen. Und so kann dieses Produkt nur eine suboptimale Lösung sein. Da ich aus unserem Produkt keine eierlegende Wollmilchsau machen will, werden wir das nicht umsetzen.
46. Tolle Idee. Unser Fokus ist allerdings aktuell auf die Erhöhung der Produktqualität gerichtet. Wir beschäftigen uns mit der Beseitigung von Fehlern und technischen Schulden, um die (zukünftige) Stabilität und Performance des Produkts zu sichern. Deshalb werden wir in nächster Zeit keine neuen Features implementieren.
47. Die Tatsache, dass dieses Feature massive Auswirkungen auf die Stabilität des Systems haben wird, hält mich davon ab, Ja zu sagen. Das können wir den Anwendern so nicht verkaufen, denn diese müssen schnell und effektiv arbeiten können.
48. Wenn ich Sie richtig verstanden habe, geht es Ihnen um … und Sie wollen es vor dem 1. Januar geliefert bekommen. Diesem Wunsch nachzukommen heißt, technische Schulden aufzubauen. Auf lange Sicht verursacht das viele Störungen, Zwischenfälle und Fehler, sodass uns am Ende

keine Zeit mehr bliebe, neue Features zu implementieren. Ich nehme an, dass Sie sich eine solche Situation nicht wünschen. Also sollten wir das lassen und deshalb sage ich zu dieser Anfrage Nein.

49. Ich kann Sie gut verstehen, doch diese Anforderung passt nicht zu den Compliance-relevanten Qualitätsanforderungen (der Definition of Done). Qualität ist nicht verhandelbar und deshalb muss ich Nein sagen.

Praxisbeispiel für diese Kategorie Nein

In Viktors Beratungsunternehmen arbeiten die Mitarbeiter in kleinen, selbstorganisierten Teams. Das Management hat ein essenzielles Interesse, die geleisteten Stunden effektiv und effizient verbuchen und fakturieren zu können. Um diese administrativen Arbeiten effektiver ausführen zu können, wurde entschieden, ein neues ERP-System einzuführen. Nach einem etwa zwölf Monate währenden traditionellen Wasserfallprojekt war das System eingerichtet. Am Projektende wurden noch etliche Tests ausgeführt, dann erfolgte der Rollout des Systems ins Unternehmen. Alle Teams begannen endlich mit dem System zu arbeiten und jeder war anfangs begeistert.

Im Laufe der vergangenen zwölf Monate hat sich seit Projektbeginn vieles verändert, denn Viktors Unternehmen wächst rasant. Auch im Team von Eline gab es etliche Veränderungen. Eline ist eine der Teamleiterinnen des Unternehmens. Ihr Team ist so schnell gewachsen, dass es nun an der Zeit ist, es in neue Teams aufzuteilen. Ein neuer Teamleiter wird eingestellt und eine kleine Party organisiert, um diesen neuen Wachstumsschritt zu feiern.

Am folgenden Tag geht Eline zu Viktor: »Nachdem wir nun zwei neue Regionalteams gebildet haben, halte ich es für sinnvoll, das so schnell wie möglich im neuen System abzubilden.« Viktor nickt und verspricht, dieses Thema unverzüglich an den Softwarelieferanten weiterzugeben. Er ist überrascht, dass er bereits nach einer knappen Stunde eine Antwort erhält. Allerdings entspricht die ganz und gar nicht seinen Erwartungen.

Ihm wird mitgeteilt, dass die Teams im System »fest hinterlegt« sind. Sie wurden »hartcodiert« eingeführt. Deshalb können Teams nicht verändert werden, ohne das System nahezu komplett neu einzurichten, den Code anzupassen und dafür ein ordentliches Budget bereitzustellen.

Heute, viele Monate später, leiden Viktor und Eline, vor allem aber die Mitarbeiter in den Teams, noch immer sehr unter diesem Problem. Das Unternehmen versucht mit allerlei Excel-Sheets, so gut es geht, den Überblick zu behalten. All dieser Mehraufwand und die zusätzliche Energie wären nicht nötig, wenn das System flexibler eingerichtet worden wäre. Dieses Beispiel zeigt, dass es große Auswirkungen auf eine effektive Unternehmensführung haben kann, wenn im Produkt die Qualität vernachlässigt wird und/oder »Abkürzungen« genommen werden.

8 – Das Nein, wenn alle anderen Neins nicht (mehr) funktionieren

»Help me to help you.«

– unbekannt –

Einleitung

Die letzte Kategorie ist »das Nein, wenn alle anderen Neins nicht (mehr) funktionieren«. Diese Kategorie wurde bewusst so benannt, denn dieses Nein ist Ihr letztes Rettungsmittel. Es ist wahrlich das allerletzte Nein, das Sie benutzen. Eigentlich wollen Sie über dieses Nein nicht einmal nachdenken, solange Sie nicht alle anderen Arten von Nein versucht haben. Dieses Nein ist Ihre letzte Zuflucht als Product Owner. Es wird immer wieder Situationen geben, in denen Neinsagen nicht gelingt, also – wirklich nicht gelingt. Trotz aller Versuche schaffen Sie es einfach nicht, Nein zu sagen. Dann wollen Sie vielleicht eine alternative Route einschlagen. Um diese letzte Route geht es bei diesem fünfzigsten Nein.

Für welche Stakeholder nutzen Sie dieses Nein?

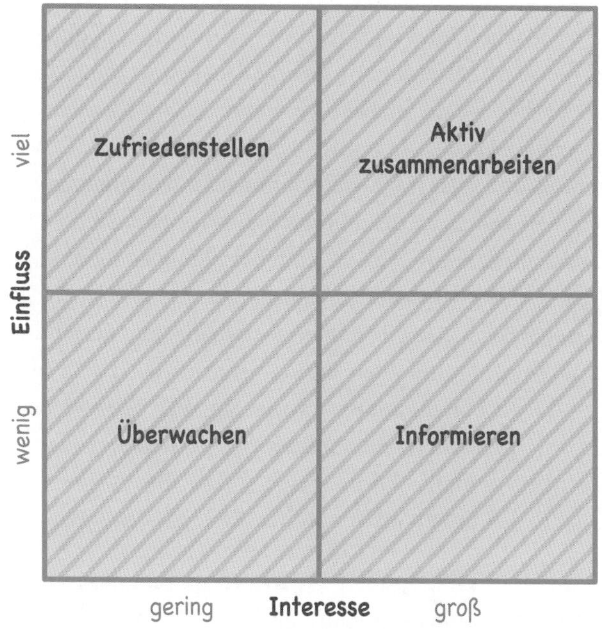

Abb. 4–8 *Anwendungsempfehlung für das Nein, wenn alle anderen Neins nicht mehr funktionieren*

Okay. Allen Warnungen zum Trotz sind Sie noch immer gewillt, weiterzulesen. Deshalb ein *allerletzter* Versuch, Ihnen dabei zu helfen, dieses letzte Nein zu vermeiden. Zuerst können Sie noch versuchen, Ihrem Stakeholder einen Spiegel vorzuhalten. Stellen Sie diesem schrecklich schwierigen Stakeholder dazu die folgende Frage, ehe Sie den nächsten Schritt gehen: »*Leider gelingt es mir nicht, Ihnen verständlich zu machen, warum ich Nein sage. Können Sie mir sagen, womit ich Ihnen helfen kann zu verstehen, warum ich Nein sage und weshalb ich Ihr Thema nicht aufgreifen werde?*« Kommen Sie auch mit dieser Frage nicht weiter? Und – gelingt es noch immer nicht, Nein zu sagen? Dann sollten Sie erst noch etwas weiterlesen, ehe Sie wirklich die fünfzigste Art Nein benutzen.

Das fünfzigste Nein setzen Sie ausschließlich dann ein, wenn kein anderes Nein mehr funktioniert. Dieses Nein können Sie bei jedem Stakeholder (***Zufriedenstellen***, ***Aktiv zusammenarbeiten***, ***Überwachen*** und ***Informieren***) nutzen, Sie gehen damit aber Risiken ein. Ein Risiko besteht darin, dass Sie Ihr Mandat schwächen oder verschenken, denn wenn Sie dieses Nein einsetzen, stützen Sie sich voll und ganz auf die Rückendeckung durch Ihre Key-Stakeholder. Wollen Sie dieses Nein verwenden? Dann sollten Sie sich dieser Rückendeckung absolut sicher sein. Key-Stakeholder sind Menschen mit großem Interesse und, was noch viel wichtiger ist, vor allem mit viel Einfluss. Diese Stakeholder stehen in der Hierarchie weit oben, sind Senior Manager oder Geschäftsführer. Wenn Sie eine gute Beziehung zu diesen Menschen aufbauen und aktiv mit ihnen zusammenarbeiten, dann können Sie von Ihnen Rückendeckung bekommen. Sie haben noch keine gute Beziehung zu solchen Stakeholdern? Nun, dann sollten Sie daran arbeiten. Denn ohne eine gute Beziehung zu diesen Stakeholdern können Sie auch dieses letzte Nein nicht effektiv und erfolgreich nutzen. Sollten Sie es dennoch versuchen, dann gleicht das einem blinden »All-in« beim Poker. Ihre Gewinnchancen sind gleich null, denn Sie können nicht absehen, was passieren wird.

Wenn Sie in der Praxis häufig die Neigung verspüren, dieses Nein zu benutzen, sollten Sie einmal über den Umfang Ihres Mandats als Product Owner nachdenken. Vielleicht können Sie sich über dieses Thema sogar mit Ihren Stakeholdern austauschen. Finden Sie heraus, was in Ihrem Umfeld nicht funktioniert und wie Sie dieses Umfeld (zusammen mit Ihrem Scrum Master oder Agile Coach) verändern können. Sie werden Ihr hart erarbeitetes Mandat schnell verlieren, wenn Sie das fünfzigste Nein häufiger als »sehr selten« einsetzen. Denken Sie deshalb vielleicht doch noch einmal über ein anderes Nein nach. Oder – wollen Sie vielleicht ein klein wenig mehr Entgegenkommen zeigen? Vergessen Sie nicht: Wie man in den Wald hineinruft, so schallt es heraus!

Das Nein, wenn alle anderen Neins nicht (mehr) funktionieren

50. Ich kann wirklich verstehen, dass das für Sie wichtig ist. Ich habe versucht, Ihnen zu vermitteln, weshalb meine Antwort zu diesem Thema ein Nein ist. Sie haben mir deutlich zu verstehen gegeben, dass Sie das nicht akzeptieren können. So kommen wir an dieser Stelle nicht weiter. Da es offenbar keinen anderen Ausweg gibt, schlage ich vor, dass Sie sich an <*Name des Key-Stakeholders*>, Mitglied unserer Geschäftsleitung, wenden. Wenn Sie ihn überzeugen können und mir <*Name des Key-Stakeholders*> sagt, dass ich Ihrer Anfrage tatsächlich zustimmen soll, dann werde ich das tun. Sollte er ebenfalls Nein sagen, gehe ich davon aus, dass Sie diese Entscheidung respektieren und das Thema ruhen lassen.

Praxisbeispiel für diese Kategorie Nein

Floor arbeitet als Product Owner bei einem großen Finanzdienstleister. Sie verfügt über viel Erfahrung als Produktmanagerin und hat kürzlich voller Begeisterung die Product-Owner-Rolle übernommen. Floor verantwortet ein neues Rentenprodukt für große Geschäftskunden. Ihre Vision ist, dass das neue Rentenprodukt vollständig digital angeboten wird. Kunden und Beteiligte sollen rund um das Produkt alles online regeln können.

Mark ist einer von Floors wichtigsten Stakeholdern und Direktor eines der aktuellen Rentenprodukte. Er ist stark an dem neuen Produkt interessiert. Das neue Rentenprodukt soll in Zukunft das Produkt und die Abteilung von Mark ablösen. Die Erwartungen an das neue Produkt sind enorm. Um es komplett digital anbieten zu können, liefert ein externer Partner die Software. Am Ende wird durch die Unterstützung dieses externen Partners und die Digitalisierung des kompletten Prozesses Marks Abteilung nicht mehr gebraucht.

→

Mark ist politisch äußerst geschickt. Er verfügt über ein großes Netzwerk innerhalb des Unternehmens und kennt innerhalb und außerhalb der Organisation die richtigen Stakeholder. Zudem hat Mark gute Verbindungen und Kontakte zum externen Partner. Im Laufe der Produktentwicklung steht Mark regelmäßig dem externen Dienstleister als Ansprechpartner für das aktuelle Produkt zur Verfügung, versucht jedoch auch, an der einen oder anderen Stelle die Entwicklung des neuen Produkts zu beeinflussen. All das macht es für Floor nicht einfacher, das neue Produkt zu entwickeln und auf den Markt zu bringen.

Doch zum Glück hat auch Floor ein gutes Netzwerk. So hat sie zum Beispiel ein gutes Verhältnis zu Roberto, dem Geschäftsführer Rente. Roberto verantwortet alles rund um Rentenprodukte, Operations und IT. So ist Roberto die ranghöchste Führungskraft neben dem CEO.

Floor hat als Product Owner im Laufe der Produktentwicklung regelmäßig Sprint-Reviews organisiert. Während des letzten Sprint-Reviews vor einer Woche, bei dem Mark auch zugegen war, haben Floor und alle anwesenden Stakeholder gemeinsam das Product Backlog für den kommenden Monat festgelegt. Das wichtigste Ziel für diesen Zeitraum ist die Entwicklung eines Angebots-Tools. Mit ihm können Marks Account Manager zu Kunden gehen und Berechnungen von Rentenprämien ausführen. Das stellt einen wichtigen Meilenstein dar, weil es mit diesem Tool möglich wird, das Produkt tatsächlich zu verkaufen.

Während des Sprint-Reviews wird viel darüber diskutiert, ob das Angebots-Tool als Teil der Website oder als Excel-Tool implementiert werden soll. Von den anwesenden Stakeholdern (einschließlich Mark) und des Entwicklungsteams werden alle Pros und Contras zusammengetragen. Am Ende der Diskussion fasst Floor die Ergebnisse folgendermaßen zusammen: »Wir haben nun alle Argumente rund um die Entwicklung des Angebots-Tools innerhalb der Website versus Excel besprochen und sind einer Meinung, dass die Implementierung innerhalb der Website voraussichtlich das letztendliche Ziel sein muss. Wir sind uns jedoch auch darüber einig, dass wir so schnell wie möglich ein Angebots-Tool brauchen, um unsere Annahmen validieren zu können. Das Entwicklungsteam versichert, dass es ein Excel-Tool viel schneller zur Verfügung stellen kann als eine Implementierung in der Website, wodurch wir eher validierbare Ergebnisse erhalten. Sind Sie deshalb mit mir einer Meinung, das Angebots-Tool zuerst in Excel zu bauen?«

→

Alle anwesenden Stakeholder sind mit diesem Ergebnis einverstanden und stimmen Floor zu. Mark hingegen nicht. Er meint, dass die Berechnungen bereits jetzt in der Website verarbeitet werden müssen. Er hält die Entwicklung eines Excel-Prototyps für Verschwendung. Nach dem Sprint-Review kommt er verärgert zu Floor und sagt: »Ich bin über das Ergebnis des Sprint-Reviews überhaupt nicht glücklich. Wir investieren jetzt Geld in eine temporäre Lösung, obwohl wir doch die Funktionalität genauso gut gleich richtig in die Website einbauen können. Ich bin mit diesem Ergebnis ganz und gar nicht einverstanden und will, dass die Berechnung in die Website implementiert wird.«

Floor erwidert: »Mark, ich kann verstehen, dass es für dich wichtig ist, dass die Berechnungen in der Website ausgeführt werden. Gerade haben wir während des Sprint-Reviews mit allen Stakeholdern ausführlich über diesen Punkt diskutiert. Und wir sind zu dem Schluss gelangt, dass wir jetzt ein Excel-Tool bauen, sodass wir über ein funktionierendes Produkt verfügen, schnell Ergebnisse liefern und unsere Annahmen validieren können. Dieses Tool lässt sich viel schneller realisieren als eine Implementierung in die Website. Deshalb entscheiden wir uns jetzt für das Excel-Tool und nicht für die Website.«

Auf diese Erwiderung reagiert Mark äußerst frustriert. Nachdem sich die Diskussion noch eine Zeitlang im Kreise gedreht und jeder der beiden zum wiederholten Male dargelegt hat, weshalb seiner Meinung nach diese Entscheidung richtig oder nicht richtig ist, sagt Floor endlich: »Mark, ich habe dir nun mehrere Male zu erklären versucht, warum wir uns für das Excel-Tool entscheiden. Du hingegen bringst deutlich zum Ausdruck, dass du damit nicht einverstanden bist. Ich habe keine Idee, wie wir beide an diesem Punkt weiterkommen können. Deshalb schlage ich vor, dass du mit Roberto sprichst. Wenn du ihn überzeugen kannst und er mir mitteilt, dass ich deiner Anforderung folgen soll, dann werde ich das auch tun. Sagt er jedoch auch Nein, dann gehe ich davon aus, dass du die Entscheidung respektierst und Ruhe gibst.«

Nach dieser Konfrontation geht Mark, um es allen zu beweisen, im Laufe der Woche tatsächlich zu Roberto. Allerdings treffen sich Floor und Roberto regelmäßig auf einen Kaffee, und so war Roberto bereits ausführlich über die Situation im Bilde. Als Mark ein paar Tage später bei Roberto sitzt, sagt dieser zu ihm: »Mark, sowohl ich als auch Floor können verstehen, dass du mit der getroffenen Entscheidung nicht einverstanden bist. Ich habe mir sowohl deine als auch Floors Argumente angehört.« Roberto schweigt einen Augenblick, ehe er fortfährt: »Für mich ist die ganze Sache recht einfach. Wir haben Floor ganz bewusst als Product Owner ausgewählt. Sie trägt die letztendliche Verantwortung für das Produkt. Ich vertraue ihrem Sachverstand und ihrer Erfahrung, genauso wie den Ansichten der anderen Stakeholder, die in diese Diskussion involviert waren. Deshalb unterstütze ich Floor in ihrer Entscheidung und habe nicht die Absicht, daran etwas zu ändern. Ich gehe davon aus, dass du das respektierst.«

9 – Bonus! Die Neins, um Ihr Mandat zu erweitern

»The responsiveness of your organization depends greatly on the mandate of your Product Owners.«

– Marten Meij –

Einleitung

Das sind also die 50 Arten, Nein zu sagen. Hoffentlich helfen sie Ihnen, den Wert Ihres Produkts zu maximieren, indem Sie als Product Owner häufiger und effektiver Nein sagen. Vielleicht haben Sie sich auch inspirieren lassen und bereits weitere, eigene Neins formuliert. Wie bereits erwähnt, die Liste der Neins, mit der wir dieses Buchprojekt begonnen haben, umfasste mehr als 100 Arten von Nein – es gibt also noch reichlich Potenzial. Doch auch wir mussten uns entscheiden und Nein sagen.

Wir können uns vorstellen, dass Sie nach der Lektüre dieses Buches denken: »Tolle Sache, all diese Arten, Nein zu sagen, doch das werden die Stakeholder in meinem Unternehmen nicht akzeptieren!« Und die Wahrscheinlichkeit ist hoch, dass Sie den Satz hinzufügen: »Dazu fehlt mir das Mandat!« Wenn Sie sich in dieser Situation wiedererkennen, dann kann Ihnen der folgende Teil möglicherweise einen Schritt weiterhelfen. Für diesen Teil haben wir einige Varianten von Nein ausgewählt, die Sie als Product Owner dabei unterstützen können, Ihr Mandat zu erweitern. Diese Neins fühlen sich im Gebrauch vielleicht etwas sicherer an, wodurch Sie mit größerer Wahrscheinlichkeit auch wirklich Nein sagen werden. Ein weiterer Vorteil ist, dass Ihnen diese Neins helfen, Ihr Mandant zu vergrößern. Vergessen Sie dabei nicht, dass es nach wie vor wichtig ist, gegenüber Ihren Stakeholdern authentisch zu bleiben. *Wie* Sie Nein sagen, ist dabei mindestens genauso wichtig, wie das, *was* Sie wirklich dabei sagen.

Für welche Stakeholder nutzen Sie dieses Nein?

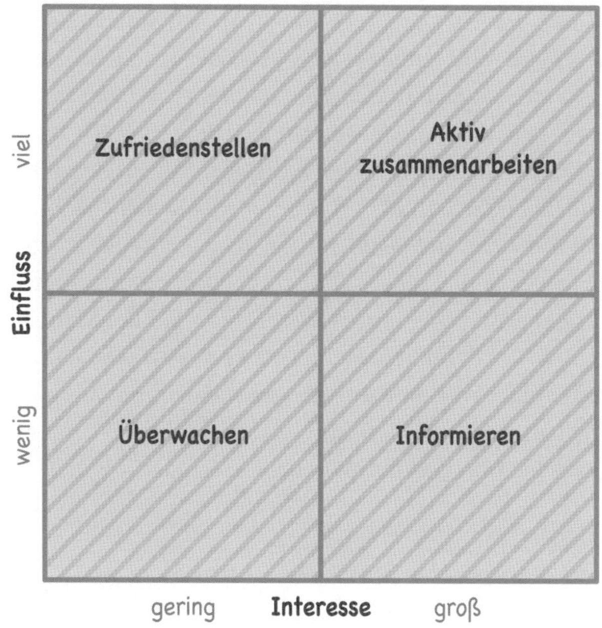

Abb. 4–9 *Anwendungsempfehlung für die Neins, um Ihr Mandat zu vergrößern*

In Kapitel 1 wurden Verantwortlichkeiten und das Mandat des Product Owners beschrieben. Dort steht auch, dass ein größeres Mandat immer einhergeht mit der Übernahme von mehr Verantwortung. Darüber hinaus kann man sein Mandat auch noch auf andere Weise vergrößern. Natürlich gehört das Neinsagen dazu, denn damit zeigen Sie, dass Sie Verantwortung übernehmen und Entscheidungen im Interesse Ihres Produkts treffen.

Dabei ist die Art und Weise, wie Sie Nein sagen, von großer Bedeutung. Wie eine Botschaft ankommt, hängt zum Beispiel vom Tonfall, der Intonation, der nonverbalen Kommunikation und Ihrer Verbindung mit dem Gegenüber ab. Wenn Sie sehr steif, kurz angebunden und direkt Nein sagen, färbt das auf den anderen ab. Vielleicht fühlt sich Ihr Gegenüber überrumpelt, möglicherweise entsteht Irritation oder im schlimmsten Fall sogar Aggression. Vielleicht reflektieren Sie in einem der nächsten Gespräche einmal über

Ihre nonverbale Kommunikation. Wie sieht Ihre Körperhaltung aus? Zeigen Sie Empathie für die Situation des anderen? Hören Sie wirklich aktiv zu? Möglicherweise hilft Ihnen das, ein effektiveres Gespräch zu führen.

Genauso kann es helfen, eine Frage einmal an den Stakeholder zurückzugeben. Beispielsweise könnten Sie sagen: *»Stellen Sie sich bitte vor, Sie wären in meiner Position. Sie kennen den Wert der anderen Items an der Spitze des Product Backlog. Der Wert dieser Items ist beträchtlich. Was würden Sie dann tun?«* Durch eine solche Frage wird der Stakeholder gezwungen, kritisch nachzudenken. Sie schaffen Raum für mögliche neue Einsichten. Vielleicht führen Sie dem Stakeholder ganz bewusst seine Unwissenheit vor Augen? Indem der Stakeholder selbst zu der Erkenntnis kommt, dass sein Thema nicht genügend Wert stiftet, vergrößern Sie Ihr Mandat. Sie haben auf eine effektive Art dafür gesorgt, dass die Antwort ein Nein geworden ist, und den Stakeholder unterstützt, selbst zu dieser Einsicht zu gelangen. Ein solches Vorgehen wird häufig positiv wahrgenommen, denn es zeigt, dass Sie wissen, was Sie tun, und führt zu mehr Vertrauen.

Sieben Formen dieser Kategorie Nein

1. Ich kann verstehen, dass Ihnen dieses Thema wichtig ist. Aus meiner Perspektive passt es jedoch nicht zur Produktvision. Sie würden mir sehr helfen, wenn Sie dieses Thema noch einmal während eines Sprint-Reviews präsentieren. Dann können wir gemeinsam mit den anderen Stakeholdern überlegen, wie wir mit Ihrer Anforderung umgehen.
2. Das klingt interessant. Sie präsentieren mir allerdings bereits eine Lösung, während ich lieber die Probleme unserer Kunden und Anwender lösen würde. Könnten Sie vielleicht zuerst das Problem weiter herausarbeiten, ehe wir in Lösungen denken? Auf Grundlage dieser Informationen kann ich dann gemeinsam mit den anderen Stakeholdern und dem Entwicklungsteam schauen, wie wir mit Ihrem Thema am besten umgehen.
3. Ich kann verstehen, dass das für Sie wichtig ist, doch wenn ich auf den Wert der anderen Anforderungen am Anfang des Product Backlog schaue, dann ist deren Wert viel höher. Ich will vor allem verhindern, dass das Backlog zu einer unendlich langen, unübersichtlichen Liste wird. Deshalb muss ich auch regelmäßig Ideen ablehnen. Können Sie nachvollziehen, dass ich aus diesem Grund Ihre Idee ablehnen muss?
4. Ich verstehe, was Sie sagen, doch ich frage mich, ob wir dafür Budget einsetzen sollten. Wie viel Budget könnten Sie für dieses Thema zur Verfügung stellen?
5. Ich verstehe, was Sie sagen, doch ich denke, dass wir das nicht tun sollten. Derzeit liegt der Fokus des Entwicklungsteams auf der Erhöhung der Produktqualität. Wir kümmern uns um die Beseitigung von Fehlern und technischen Schulden. Deshalb wollen wir aktuell eigentlich keine Zeit in die Implementierung neuer Features investieren. Können Sie verstehen, dass dieses Thema den Fokus des Entwicklungsteams stören würde und ich es deshalb lieber nicht angehen möchte?
6. Ich kann verstehen, dass das für Sie wichtig ist, doch wir werden in der nächsten Zeit schon sehr viel für Ihre Abteilung umsetzen. Als Product Owner muss ich mich auch um die Zufriedenheit meiner anderen Stake-

holder kümmern, die auch viele wertvolle Ideen einbringen. Wenn wir diese eine Anforderung unbedingt für Sie umsetzen sollen, werden Sie auf andere Themen vergleichbarer Größe verzichten müssen. Wofür entscheiden Sie sich?

7. Ich verstehe, was Sie sagen, doch dieses Thema kann ich nicht aufgreifen. Dieser Wunsch stimmt nicht mit der Vision überein, die ich mit den anderen Stakeholdern abgestimmt habe. Wenn wir diese Anforderung umsetzen, müssen wir etliche Zugeständnisse am Produkt machen. Das führt zu einer suboptimalen Lösung, an der bald niemand mehr Interesse hat. Das will ich bei unserem Produkt verhindern.

Praxisbeispiel für diese Kategorie Nein

David arbeitet als Business-Analyst in einem Unternehmen, das vor Kurzem eine agile Transformation gestartet hat. Im Zuge dieser Transformation wurde die Rolle des Product Owners eingeführt. Nach einigen Erläuterungen zum Inhalt dieser Rolle hielt es David für eine gute Idee, den Schritt vom Business-Analysten zum Product Owner zu gehen.

David liest Bücher, schaut sich Videos an und lernt so schrittweise mehr über die Rolle und Arbeitsweise eines Product Owners. Davids Unternehmen verfügt über ein komplexes Produktportfolio, das sich aus einer Kombination von Hardware- und Softwarebestandteilen zusammensetzt. Innerhalb dieser Fülle komplexer Produkte will David die Verantwortung für eine Produktlinie übernehmen, die Fabrikhallen überwacht und Alarmmeldungen ausgeben kann. Das soll für das Unternehmen *das* zukünftige Produkt werden.

→

Da es sich um ein vielschichtiges Produkt handelt, ist in Davids Umfeld eine ganze Reihe von Spezialisten beschäftigt. Er arbeitet mit einem Scrum-Team zusammen, das die Software entwickelt, ist darüber hinaus jedoch auch abhängig von Hardwareteams und weiteren Spezialisten. David ist nun schon seit einigen Jahren in diesem Unternehmen beschäftigt und kennt eine Menge Leute, doch in dieser neuen Rolle muss er sich erst noch beweisen. Ihm ist noch nicht ganz klar, wie groß sein Handlungsspielraum ist und wie viel Mandat er wirklich besitzt. Auf jeden Fall hat der Senior Manager des Bereichs Fabriken bei allen Entscheidungen rund um das Projekt immer kräftig seine Finger drin.

In einem Sprint-Review stellt David sein Product Backlog vor, das den Input seiner Stakeholder und all seine Ideen und Vorstellungen enthält. Angela, Ressortleiterin Verkauf, hört aufmerksam zu, springt dann begeistert auf und sagt zu David: »Was für ein gewaltiger Schritt nach vorn! Ich habe mich gestern mit unserem Kunden in Dänemark unterhalten. Sie wollen unser System außer in den Fabrikhallen nun auch in ihren Büros einsetzen. Mit einer kleinen Softwareanpassung sollte das aus meiner Sicht funktionieren! Ab wann kannst du mit der Umsetzung beginnen? Ich habe dem Kunden schon mündlich zugesichert, dass wir in einem halben Jahr ein ganzes Stück weiter sein werden.«

David ist ziemlich überrascht und in seinem Kopf beginnen sich die Gedanken zu überschlagen: Wie kann sie das einfach so zusagen? Habe ich das Mandat, um der Ressortleiterin Verkauf zu widersprechen? Sie wird nie ein Nein von mir akzeptieren. Wie denken die anderen über dieses Thema?

Nach einigen schnellen Gedankensprüngen sagt David: »Super, Angela, schön, dass du einen Kunden hast, der unsere Produktlinie breiter zum Einsatz bringen will! Allerdings beschäftige ich mich seit vier Sprints damit, mir einen besseren Überblick über unser Budget zu verschaffen und bin nicht sicher, ob wir für diese Anforderung einen Teil davon verplanen sollten. Wie viel Budget hättest du denn für diesen Kundenwunsch zur Verfügung?«

Angela ist überrascht. Damit hatte sie nicht gerechnet. In der Vergangenheit brauchte sie nur zu rufen, wenn sie etwas brauchte, und schon wurde es umgesetzt. »Ähh … nun, das ist eine gute Frage, David. Ich habe mit meinem Kunden noch gar nicht konkret darüber gesprochen, was ihn diese Anforderung kosten wird, deshalb denke ich, wir sollten erst einmal Kosten und Nutzen miteinander abstimmen.« Zu diesem Thema setzen sich David und Angela etwas später zusammen. Zudem macht Angela David noch Komplimente, dass er sie »nachjustiert« hat.

Anhang

Zusammenfassung

Aufgrund der wachsenden Komplexität in Organisationen, Produkten und im Markt wird es immer wichtiger, schnell Entscheidungen treffen zu können. Viele Organisationen haben in den vergangenen Jahren eine agile Arbeitsweise implementiert, um mit der steigenden Komplexität effektiv umgehen zu können. Dadurch ist die Anzahl der Product Owner enorm gewachsen. Product Owner nehmen eine zentrale Rolle bei der Entwicklung und Wartung von Produkten und Dienstleistungen ein. Ihre wichtigste Aufgabe ist es, den Wert des Produkts zu maximieren. Deshalb treffen Product Owner kontinuierlich Entscheidungen. Sie wägen ständig ab, was unter Berücksichtigung aller Randbedingungen die wichtigsten und wertvollsten Anforderungen sind, die es umzusetzen gilt. In der Praxis bedeutet das in erster Linie, Nein zu sagen.

Effektives Stakeholder-Management ist eine wesentliche Voraussetzung, um als Product Owner häufiger Nein sagen und den Wert des Produkts kontinuierlich maximieren zu können. Dazu müssen Sie die unterschiedlichen Interessen und Mandate Ihrer Stakeholder kennenlernen. Auf Basis ihrer Interessen und Mandate platzieren Sie Ihre Stakeholder auf der Stakeholder-Map. Auf Grundlage dieser Map entwickeln Sie Ihre Strategie für das Stakeholder-Management und Ihre Kommunikationsstrategie. Es gibt ausreichend Tools, um das Stakeholder-Management-Spiel effektiver zu spielen, sodass Sie häufiger Nein sagen können. Zum Beispiel hilft die Stakeholder-Map, sich einen klaren Überblick zu verschaffen.

Nein zu sagen ist nicht so einfach, wie es klingt. Viele Menschen assoziieren das Wort »nein« mit »negativ«. Sie verbinden »nein« mit Zurückweisung oder einem negativen Resultat. Zudem gibt es die unterschiedlichsten Gründe, das

Wörtchen »nein« zu vermeiden. Studien haben gezeigt, dass viele Menschen Angst haben, Nein zu sagen. Zum Beispiel aus Angst vor Konflikten, aus Angst, andere zu enttäuschen, und aus Angst vor Hierarchie. Zum anderen wird Neinsagen vermieden, weil es bedeuten würde, das Verhaltensmuster von Jasagen zu durchbrechen. Und – ein Verhalten zu verändern, ist durchaus schwierig.

Effektiv Nein zu sagen ist somit nicht so einfach. Sie müssen es üben. Sie können es mit der erfolgreichen Teilnahme an einem Marathon vergleichen. Einen Marathon läuft man nicht ohne gutes Training und ausreichende Vorbereitung. Damit ist sowohl physisches als auch mentales Training gemeint. Auch Neinsagen müssen Sie trainieren. Die Tipps in diesem Buch können Ihnen dabei helfen.

Mindestens ebenso wichtig wie das Training ist die richtige Denk- und Handlungsweise. Sie wollen häufiger effektiv Nein sagen? Dann müssen Sie sich bewusst dafür entscheiden, denn dazu müssen Sie das alte, eingeschliffene Muster von Jasagen durchbrechen. Jasagen ist in vielen Situationen einfacher als Neinsagen. Man sagt schnell und eher intuitiv Ja. Häufig ist dieses Ja gar nicht wohlüberlegt und gut durchdacht. Jasagen ist für viele Menschen zu einer Gewohnheit geworden. Wenn Sie also öfter Nein sagen wollen, müssen Sie sich bewusst entscheiden, das Ja-Muster zu durchbrechen. Um häufiger effektiv Nein zu sagen, können Sie in jeder Ja- oder Nein-Situation die folgenden fünf Schritte durchlaufen:

1. **Wer**
   Zu wem werden Sie Nein sagen?
2. **Was**
   Was ist die Frage des Stakeholders?
3. **Intention**
   Was ist Ihre Intention? Werden Sie Ja oder Nein sagen?
4. **Nein sagen**
   Was ist das richtige Nein für diese Situation?
5. **Zuhören**
   Hat der andere verstanden? Wie reagiert Ihr Gegenüber?

Wenn Sie diese fünf Schritte durchlaufen, arbeiten Sie auf ein effektives Nein hin. In diesem Buch haben wir Ihnen die fünfzig besten, schönsten und effektivsten Arten, Nein zu sagen, vorgestellt, die wir in der Praxis gehört und genutzt haben. Zur besseren Übersicht (und als Teil des Stakeholder-Management-Spiels) sind die Facetten Nein in Kategorien unterteilt:

1. Das deutliche Nein
2. Das Nein aus Sicht des Kunden/Anwenders
3. Das Nein aus Sicht des Wertes
4. Das Nein aus Sicht des Budgets
5. Das Nein aus Sicht des Timings
6. Das Nein aus Sicht der Auswirkung auf das Umfeld
7. Das Nein aus Sicht der Qualität
8. Das Nein, wenn alle anderen Neins nicht (mehr) funktionieren
9. **Bonus**! Die Neins, um Ihr Mandat zu erweitern

Muss ich ab jetzt immer Nein sagen?

Dieses Buch vermittelt Ihnen 50 Arten, Nein zu sagen. Das heißt jedoch nicht, dass Sie ab jetzt nur noch Nein sagen müssen. Sie sind als Product Owner nicht allwissend. Ohne den Input und das Denkvermögen Ihrer Stakeholder sind Sie nicht in der Lage, wertvolle Produkte zu entwickeln. Darum werden Sie noch oft »Ja« sagen oder eine Zwischenform wie »Wir sollten das erst noch gemeinsam weiter ausarbeiten« benutzen. Setzen Sie die 50 Arten Nein deshalb wohldurchdacht und im rechten Moment ein, sodass Sie fokussiert bleiben und Wert maximieren können!

Viel Erfolg!

Alle 50 Arten Nein im Überblick

Das deutliche Nein	
1	Nein, dieses Thema passt nicht zur Vision des Produkts.
2	Nein, dieses Thema trägt nicht zu unseren aktuellen Zielstellungen bei.
3	Nein, ich halte den Wert dieser Anforderung im Vergleich zu anderen für zu gering.
4	Nein, das finde ich angesichts der aktuellen Marktlage nicht vernünftig.
5	Nein, ich halte den Return on Investment dieses Themas für zu gering.
6	Nein, ich will in dieses Thema im Augenblick keine Zeit investieren.
7	Nein, ich will das Thema auf eine andere Art lösen.

Das Nein aus Sicht des Kunden/Anwenders	
8	Ich verstehe, dass Ihnen das wichtig ist. Allerdings wirkt sich die Umsetzung dieser Anforderung für einen Großteil unserer Kunden und Anwender nachteilig aus. Da mir wichtig ist, unsere Kunden und Anwender so gut wie möglich zu bedienen, werde ich diesen Wunsch nicht aufgreifen.
9	Wenn ich Sie richtig verstanden habe, dann geht es Ihnen um … Dieses Feature ist von der Zielgruppe, auf die wir uns in der kommenden Zeit fokussieren werden, jedoch nicht angefordert. Deshalb sage ich zum aktuellen Zeitpunkt Nein. Vielleicht können Sie sich die Idee für einen späteren Zeitpunkt merken?
10	Wenn ich hierzu Ja sage, dann muss ich Kunden und Anwender enttäuschen, die unlängst geäußert haben, dass sie dieses Feature nicht im Produkt haben wollen. Deshalb sage ich Nein.
11	Interessant. Die anderen Stakeholder und ich waren auch der Meinung, dass das eine gute Idee sein könnte. Das Feature ist schon als Prototyp implementiert. Wir merken jedoch, dass es nicht viel zur Anwenderzufriedenheit beiträgt. Deshalb arbeiten wir daran nicht mehr weiter.
12	Dieses Feature zukünftig noch weiterzuentwickeln, hört sich nach einer interessanten Idee an. Allerdings liegt unser Fokus derzeit auf Produktverbreiterung, um auch andere Zielgruppen anzusprechen und neue Kunden gewinnen zu können. Deshalb sage ich im Augenblick Nein.
13	Das klingt nach einer interessanten Funktionalität. Um Ja sagen zu können, fehlen mir allerdings Daten zur Validierung dieser Annahme. Würden Sie von (mindestens …) Kunden und Anwendern Daten beschaffen, aus denen hervorgeht, dass sich diese die Funktionalität im Produkt wünschen?
14	Entschuldigen Sie bitte, angesichts der heutigen Marktlage und der aktuellen Kundenbedürfnisse schafft diese Idee zu wenig Mehrwert. Würden Sie diese Idee vielleicht zu einem späteren Zeitpunkt noch einmal vorstellen? Vielleicht ist das Thema in einem halben Jahr tatsächlich interessant.

Das Nein aus Sicht des Wertes	
15	Wenn ich Sie richtig verstanden habe, dann geht es Ihnen um … Doch trotz Ihrer deutlichen Erläuterungen ist mir unklar, wie diese Frage dazu beitragen kann, dass sich unser Produkt von anderen abhebt. Deshalb sage ich Nein.
16	Ich verstehe, dass das Ihnen und Ihrer Abteilung wichtig und dieser Wunsch für Sie sehr wertvoll ist. Doch wenn ich den Wert dieses Themas mit dem der anderen Anforderungen im Product Backlog vergleiche, dann ist deren Wert deutlich größer. Deshalb muss ich Nein sagen.
17	Ich verstehe, was Sie sagen, doch auch nach Ihren Ausführungen sehe ich noch nicht, inwieweit dieses Feature dazu beiträgt, den Wert des Produkts für unsere Kunden und Anwender zu maximieren. Deshalb sage ich Nein zu diesem Feature.
18	Das finde ich eine gute Idee! Meine Verantwortung ist jedoch, den Wert für Kunden und Anwender zu maximieren. Das bedeutet, dass wir nur die wertvollsten und besten zwanzig Prozent aller Ideen implementieren wollen. Das heißt, dass wir achtzig Prozent der »auch guten Ideen« nicht umsetzen. Diese Idee gehört für mich zu diesen achtzig Prozent und deshalb werden wir sie nicht weiter verfolgen.
19	Entschuldigung Sie bitte, leider kann ich diesen Wunsch nicht aufgreifen, denn wie soll ich den anderen Stakeholdern erklären, dass wir einen Wunsch mit relativ geringem Kundennutzen umsetzen und dafür andere, wertvollere Themen liegenbleiben.
20	Ich verstehe, dass dieser Fehler für Sie ärgerlich ist. Dieses Szenario kommt jedoch so selten vor, dass es für das Unternehmen vorteilhafter ist, ab und zu manuell einzugreifen, als dass wir alles automatisieren. Deshalb lassen wir das Ganze jetzt erst einmal so, wie es ist.
21	Ich verstehe Sie, sehe aber nicht, wie dieses Thema zur Verbesserung unseres Kundennutzens beiträgt. Deshalb muss ich im Augenblick Nein sagen. Vielleicht können Sie herausfinden, wie häufig Kunden diesen Prozess nutzen, sodass wir Nutzen, Wert und Aufwand möglicherweise besser einschätzen können.

Das Nein aus Sicht des Budgets	
22	Wenn ich Sie richtig verstanden habe, dann geht es Ihnen um … Ich kann mir vorstellen, dass das für Sie wertvoll ist, doch ich will dafür aktuell kein Budget einsetzen.
23	Das hört sich nach einer interessanten Idee an. In nächster Zeit können wir dieses Thema jedoch nicht umsetzen, weil die Kapazität im Entwicklungsteam knapp ist. Wie es mit dieser Kapazität zu einem späteren Zeitpunkt aussieht, ist jetzt noch nicht abzusehen.
24	Entschuldigen Sie bitte, leider kann ich diesen Wunsch nicht in Angriff nehmen, denn die anderen Stakeholder haben im letzten Sprint-Review betont, dass sie kein Budget für Produkterweiterungen freigeben werden. Zuerst wollen wir das bisher eingesetzte Budget mit dieser ersten Produktversion wieder einspielen. Danach sehen wir weiter.
25	Ich kann mir gut vorstellen, dass das für Sie einen Wert besitzt. Als Product Owner sehe ich allerdings eine negative Bilanz zwischen dem potenziellen Wert und den zu erwartenden Aufwänden, der Nutzen wiegt die Kosten nicht auf. Deshalb muss ich Nein sagen.
26	Ich weiß zu wenig über das erforderliche Budget und den Return on Investment. Das hält mich davon ab, Ja zu sagen. Können Sie einen Business Case erstellen, sodass ich einen besseren Überblick bezüglich Kosten und Nutzen dieser Anforderung bekomme?
27	Entschuldigen Sie bitte, aber ich kann diese Idee nicht umsetzen, denn dieses Thema hat eine zu große Auswirkung auf die Total Cost of Ownership (TCO) des Produkts. Wenn wir diese Anforderung umsetzen, wird das Produkt im Unterhalt zu teuer. Es wäre unverantwortlich, dafür auch noch Budget zu verbrennen.
28	Wenn ich Sie richtig verstanden habe, geht es Ihnen um … Über wie viel Budget verfügen Sie, um dieses Feature umzusetzen? Ich erwarte, dass die Implementierung sehr teuer und zeitaufwendig wird. Ich selbst möchte dafür kein Budget einsetzen. Deshalb müssen Sie das Geld dafür beschaffen.

Das Nein aus Sicht des Timings	
29	Wenn ich hierzu Ja sage, dann greifen wir zu weit vor. Wir müssen im Augenblick erst einmal dafür sorgen, dass das Produkt von Kunden und Anwendern aktiv genutzt wird. Bis die tägliche Nutzung einen zufriedenstellenden Stand erreicht hat, will ich deshalb in nächster Zeit keine neuen Features hinzufügen.
30	Wie schade, dass Sie mit dieser Idee erst jetzt zu mir kommen. Vor drei Monaten hätte das ein Volltreffer werden können, doch dafür ist es inzwischen zu spät. Dieses Thema möchte ich jetzt nicht mehr umsetzen.
31	Wenn ich Sie richtig verstanden habe, geht es Ihnen um ... Allerdings lassen uns die vielen aktuellen Deadlines dafür keinen Raum. Wir müssen gerade in viel zu kurzer Zeit ungeheuer viel schaffen. Deshalb kann ich dieses Thema im Augenblick wirklich nicht umsetzen.
32	Das hört sich nach einer interessanten Idee an. Wir befinden uns jedoch im Augenblick noch in einem zu frühen Stadium, um diese Anforderung umzusetzen. Zuerst müssen wir das Produkt am Markt testen, um die aktuellen Investitionen zu rechtfertigen. Würden Sie sich diese Idee bitte merken? Möglicherweise ist sie zu einem späteren Zeitpunkt von Bedeutung.
33	Ich kann Sie gut verstehen, doch unser Produkt befindet sich in der letzten Phase seines Produktlebenszyklus. Wir wollen es so schnell wie möglich ausgliedern und ersetzen. Deshalb führen wir derzeit nur die absolut notwendigen Wartungsarbeiten durch. Neue Anforderungen und Ideen werden aller Voraussicht nach im neuen Produkt implementiert. Merken Sie sich diese Idee deshalb bitte für einen späteren Zeitpunkt, aktuell muss ich dazu Nein sagen.
34	Wenn ich hierzu Ja sage, werden sich viele Anforderungen verzögern, weil ich damit die Fokussierung des Entwicklungsteams störe. Das Entwicklungsteam arbeitet derzeit für einen anderen Bereich innerhalb des Unternehmens. Würden Sie diese Anforderung deshalb vorerst zurückstellen und, wenn sie dann noch immer relevant ist, in einigen Monaten erneut vorstellen?
35	Ich halte das für eine interessante Idee. Aktuell sind wir jedoch darauf fokussiert, den Anforderungen aus einem Compliance-Projekt zu entsprechen. Neue Features werden erst wieder nach Abschluss dieses Projekts implementiert. Können Sie sich diese Idee deshalb vorläufig noch merken?

Das Nein aus Sicht der Auswirkung auf das Umfeld	
36	Ich verstehe, dass Ihnen Effizienz wichtig ist. Ich muss allerdings auch die Interessen anderer Abteilungen und unserer Kunden berücksichtigen. Aus dieser ganzheitlichen Perspektive halte ich es aktuell für akzeptabel, dass innerhalb Ihrer Abteilung vorerst mehr manuelle Arbeiten ausgeführt werden müssen, bis wir auf anderen Gebieten zusätzliche Sicherheit gewonnen haben.
37	Die politische Sensibilität dieses Themas hält mich davon ab, Ja zu sagen. Wenn wir diese Features implementieren, hat das massive Auswirkungen auf andere Abteilungen. Vielleicht können Sie Ihre Idee kommende Woche im Sprint-Review im Beisein der anderen Stakeholder vorstellen? Ich bin gespannt, wie diese darüber denken.
38	Wenn ich Sie richtig verstanden habe, geht es Ihnen um ... Versuchen Sie sich einmal in meine Lage zu versetzen. Beziehen Sie doch einmal die anderen Anforderungen aus dem Product Backlog und deren Wert in die Abwägung ein. Welche Stakeholder würden Sie dann enttäuschen, um Ihr eigenes Thema umsetzen zu können?
39	Wenn ich hierzu Ja sage, muss ich alle anderen Stakeholder enttäuschen, da von ihnen dieses Thema nicht gewünscht wird. Diese Fragestellung hat beträchtliche Auswirkungen auf das Umfeld, deshalb muss ich aktuell Nein sagen.
40	Ich kann verstehen, dass das für Sie wichtig ist, doch wir werden in der kommenden Zeit bereits viele Anforderungen für Ihre Abteilung umsetzen. Als Product Owner muss ich mich auch um meine anderen Stakeholder kümmern, die ebenfalls viele wertvolle Ideen einbringen. Wenn Sie dieses Thema gern umsetzen wollen, müssten Sie im Gegenzug auf andere Anforderungen mit vergleichbarem Aufwand verzichten. Was hat für Sie Vorrang?
41	Ich kann verstehen, dass das für Sie wichtig ist, doch für die Umsetzung brauche ich die Unterstützung der anderen Stakeholder. Würden Sie diese Idee während des nächsten Sprint-Reviews vorstellen? Dann können wir gemeinsam mit den anderen Stakeholdern herausfinden, was sie davon halten.
42	Ich kann Sie gut verstehen, doch würden Sie diese Anforderung bitte mit Ihrem Vorgesetzten besprechen. Mit ihm und den anderen Key-Stakeholdern treffe ich mich einmal im Monat, um die Produkt-Roadmap anzupassen. Wenn Sie ihm diesen Wunsch vorstellen, dann können wir in der nächsten Roadmap-Runde darüber sprechen.

Das Nein aus Sicht der Qualität	
43	Ich kann verstehen, dass das für Sie wichtig ist, doch die Tatsache, dass diese Idee die (zukünftige) Qualität des Produkts gefährdet, hält mich davon ab, Ja zu sagen. Sie könnte einen negativen Einfluss auf die Performance des Produkts haben.
44	Das hört sich nach einer interessanten Idee an. Allerdings zieht diese Änderung enorme technologische Auswirkungen nach sich. Sie erfordert eine massive Veränderung der Produktarchitektur, was aus Qualitätsgesichtspunkten nicht wünschenswert ist. Deshalb können wir das nicht umsetzen.
45	Ich kann Sie gut verstehen, dennoch werden wir diese Anforderung nicht umsetzen. Schließlich will ich nicht Product Owner einer sogenannten eierlegenden Wollmilchsau sein. Weshalb ich das sage? Weil eine eierlegende Wollmilchsau ein Produkt ist, das möglichst alles können soll. Dabei werden immer wieder viele Kompromisse geschlossen, um Konsens zu erreichen. Und so kann dieses Produkt nur eine suboptimale Lösung sein. Da ich aus unserem Produkt keine eierlegende Wollmilchsau machen will, werden wir das nicht umsetzen.
46	Tolle Idee. Unser Fokus ist allerdings aktuell auf die Erhöhung der Produktqualität gerichtet. Wir beschäftigen uns mit der Beseitigung von Fehlern und technischen Schulden, um die (zukünftige) Stabilität und Performance des Produkts zu sichern. Deshalb werden wir in nächster Zeit keine neuen Features implementieren.
47	Die Tatsache, dass dieses Feature massive Auswirkungen auf die Stabilität des Systems haben wird, hält mich davon ab, Ja zu sagen. Das können wir den Anwendern so nicht verkaufen, denn diese müssen schnell und effektiv arbeiten können.
48	Wenn ich Sie richtig verstanden habe, geht es Ihnen um … und Sie wollen es vor dem 1. Januar geliefert bekommen. Diesem Wunsch nachzukommen heißt, technische Schulden aufzubauen. Auf lange Sicht verursacht das viele Störungen, Zwischenfälle und Fehler, sodass uns am Ende keine Zeit mehr bliebe, neue Features zu implementieren. Ich nehme an, dass Sie sich eine solche Situation nicht wünschen. Also sollten wir das lassen und deshalb sage ich zu dieser Anfrage Nein.
49	Ich kann Sie gut verstehen, doch diese Anforderung passt nicht zu den Compliance-relevanten Qualitätsanforderungen (der Definition of Done). Qualität ist nicht verhandelbar und deshalb muss ich Nein sagen.

Das Nein, wenn alle anderen Neins nicht (mehr) funktionieren	
50	Ich kann wirklich verstehen, dass das für Sie wichtig ist. Ich habe versucht, Ihnen zu vermitteln, weshalb meine Antwort zu diesem Thema ein Nein ist. Sie haben mir deutlich zu verstehen gegeben, dass Sie das nicht akzeptieren können. So kommen wir an dieser Stelle nicht weiter. Da es offenbar keinen anderen Ausweg gibt, schlage ich vor, dass Sie sich an <*Name des Key-Stakeholders*>, Mitglied unserer Geschäftsleitung, wenden. Wenn Sie ihn überzeugen können und mir <*Name des Key-Stakeholders*> sagt, dass ich Ihrer Anfrage tatsächlich zustimmen soll, dann werde ich das tun. Sollte er ebenfalls Nein sagen, gehe ich davon aus, dass Sie diese Entscheidung respektieren und das Thema ruhen lassen.

Bonus! Die Neins, um Ihr Mandat zu erweitern	
1	Ich kann verstehen, dass Ihnen dieses Thema wichtig ist. Aus meiner Perspektive passt es jedoch nicht zur Produktvision. Sie würden mir sehr helfen, wenn Sie dieses Thema noch einmal während eines Sprint-Reviews präsentieren. Dann können wir gemeinsam mit den anderen Stakeholdern überlegen, wie wir mit Ihrer Anforderung umgehen.
2	Das klingt interessant. Sie präsentieren mir allerdings bereits eine Lösung, während ich lieber die Probleme unserer Kunden und Anwender lösen würde. Könnten Sie vielleicht zuerst das Problem weiter herausarbeiten, ehe wir in Lösungen denken? Auf Grundlage dieser Informationen kann ich dann gemeinsam mit den anderen Stakeholdern und dem Entwicklungsteam schauen, wie wir mit Ihrem Thema am besten umgehen.
3	Ich kann verstehen, dass das für Sie wichtig ist, doch wenn ich auf den Wert der anderen Anforderungen am Anfang des Product Backlog schaue, dann ist deren Wert viel höher. Ich will vor allem verhindern, dass das Backlog zu einer unendlich langen, unübersichtlichen Liste wird. Deshalb muss ich auch regelmäßig Ideen ablehnen. Können Sie nachvollziehen, dass ich aus diesem Grund Ihre Idee ablehnen muss?
4	Ich verstehe, was Sie sagen, doch ich frage mich, ob wir dafür Budget einsetzen sollten. Wie viel Budget könnten Sie für dieses Thema zur Verfügung stellen?
5	Ich verstehe, was Sie sagen, doch ich denke, dass wir das nicht tun sollten. Derzeit liegt der Fokus des Entwicklungsteams auf der Erhöhung der Produktqualität. Wir kümmern uns um die Beseitigung von Fehlern und technischen Schulden. Deshalb wollen wir aktuell eigentlich keine Zeit in die Implementierung neuer Features investieren. Können Sie verstehen, dass dieses Thema den Fokus des Entwicklungsteams stören würde und ich es deshalb lieber nicht angehen möchte?
6	Ich kann verstehen, dass das für Sie wichtig ist, doch wir werden in der nächsten Zeit schon sehr viel für Ihre Abteilung umsetzen. Als Product Owner muss ich mich auch um die Zufriedenheit meiner anderen Stakeholder kümmern, die auch viele wertvolle Ideen einbringen. Wenn wir diese eine Anforderung unbedingt für Sie umsetzen sollen, werden Sie auf andere Themen vergleichbarer Größe verzichten müssen. Wofür entscheiden Sie sich?
7	Ich verstehe, was Sie sagen, doch dieses Thema kann ich nicht aufgreifen. Dieser Wunsch stimmt nicht mit der Vision überein, die ich mit den anderen Stakeholdern abgestimmt habe. Wenn wir diese Anforderung umsetzen, müssen wir etliche Zugeständnisse am Produkt machen. Das führt zu einer suboptimalen Lösung, an der bald niemand mehr Interesse hat. Das will ich bei unserem Produkt verhindern.

Ihre eigenen Neins

Ist es uns gelungen, Sie mit den 50 Arten Nein in diesem Buch zu inspirieren? Haben Sie vielleicht selbst bereits Erfahrung damit, effektiv Nein zu sagen? Haben Sie sich vielleicht sogar schon Neins überlegt, die in dieses Buch gehören? Dann notieren Sie diese doch hier, ehe Sie sie vergessen! Zudem sind wir sehr an Ihren Neins, Erfahrungen und Geschichten interessiert. Möchten Sie etwas davon teilen? Dann nehmen Sie bitte über LinkedIn Kontakt zu uns auf.

Leere Stakeholder-Map

Von:

Produkt:

Datum:

Zufriedenstellen	Aktiv zusammenarbeiten
Überwachen	Informieren

Beispiel einer Stakeholder-Map

Von: Jan de Vries

Produkt: Buch: 1 Art, Ja zu sagen

Datum: V 1.0

Praxistipp

Das oben stehende Beispiel einer Stakeholder-Map basiert auf den 33 Stakeholder-Typen aus Kapitel 2. Nimmt man diese Liste als Ausgangspunkt, kann man schnell Stakeholder-Gruppen inventarisieren. Anhand dieser Übersicht haben wir uns angeschaut, welche Stakeholder während unseres Buchprojekts für uns wichtig waren. Dabei ist uns aufgefallen, dass Stakeholder-Typen in mehreren Quadranten der Map landen können. In unserem Fall sind das beispielsweise die »Mitarbeiter«, denn einige unserer Kollegen sind enger in das Schreibprojekt einbezogen (gewesen) als andere. Das sollten Sie im Hinterkopf behalten, wenn Sie Ihre eigene Stakeholder-Map erstellen!

Vielleicht ist Ihnen aufgefallen, dass wir nicht alle 33 Stakeholder-Typen in unsere Stakeholder-Map aufgenommen haben. Der Grund dafür ist einfach: Nicht alle Stakeholder-Typen waren für uns auch wirklich Stakeholder. So haben wir wenig bis keine Berührungspunkte mit Stakeholder-Typen wie Anwohner, Betriebsrat, Wissenschaftler und einem Aufsichtsrat oder Vorstand. Verzichten auch Sie in Ihrer Stakeholder-Map auf Stakeholder-Gruppen, die für Ihren Kontext nicht relevant sind. Damit sorgen Sie für Übersichtlichkeit und vermeiden, dass Sie zu viele Informationen verarbeiten müssen.

Glossar

Wort	Bedeutung[1]
Bug	Ein Bug ist ein Fehler in einem Computerprogramm oder auf einer Website, durch den die Funktion nicht (vollständig) gemäß den Spezifikationen erfüllt wird. Ab einer gewissen Größe enthalten praktisch alle Programme Fehler, wobei die meisten davon nicht als störend wahrgenommen werden oder nur unter sehr seltenen Bedingungen auftreten.
Definition of Done	Die Definition of Done (DoD) ist eine Checkliste, die vom Entwicklungsteam verwendet wird, um Transparenz über die Qualität des Produkts zu schaffen. Die DoD enthält Qualitätskriterien, die für alle Teile des Produkts gelten und anhand derer das Entwicklungsteam entscheiden kann, ob die Arbeit »fertig« (»Done«) ist.
Entwicklungsteam	Das Entwicklungsteam ist eine der drei Rollen innerhalb des Scrum-Frameworks. Das Entwicklungsteam ist ein interdisziplinäres, selbstorganisiertes Team, das für die Lieferung fertiger (»Done«) Inkremente verantwortlich ist. Das Entwicklungsteam ist Teil des Scrum-Teams.
Inkrement	Ein Inkrement ist das (Teil-)Produkt, das vom Scrum-Team am Ende eines Sprints geliefert wird. Es erfüllt alle Kriterien der vereinbarten Definition of Done. Es muss sich in einem verwendbaren Zustand befinden, unabhängig davon, ob sich der Product Owner tatsächlich entscheidet, das Produkt auszuliefern. Das (Teil-)Produkt wird als Inkrement bezeichnet, da es sich um ein Stück eines größeren Ganzen handelt. Mit jedem Sprint wird ein neues Stück entwickelt, das dem bestehenden (Produkt-)Inkrement hinzugefügt wird.

1. Anm. d. Übers.: Begriffserklärungen wurden an einigen Stellen teilweise oder ganz wortwörtlich der deutschen Version des Scrum Guide von 2017 entnommen (*https://www.scrumguides.org/docs/scrumguide/v2017/2017-Scrum-Guide-German.pdf*). Diese Textstellen stehen in Anführungszeichen und sind zusätzlich mit [SG2017] gekennzeichnet.

Wort	Bedeutung
Product Backlog	»Das Product Backlog ist eine geordnete Liste von allem, von dem bekannt ist, dass es im Produkt enthalten sein soll. Es dient als einzige Anforderungsquelle für alle Änderungen am Produkt. Der Product Owner ist für das Product Backlog, seine Inhalte, den Zugriff darauf und die Reihenfolge der Einträge verantwortlich.« [SG2017] Das Product Backlog ist dynamisch: Es verändert sich ständig, um deutlich zu machen, was das Produkt benötigt, um angemessen, wettbewerbsfähig und benutzbar zu sein. Sofern ein Produkt existiert, gibt es auch ein dazugehöriges Product Backlog. Der Product Owner ist der Eigentümer des Product Backlog und verwaltet es.
Product Backlog Items	Ein Product Backlog enthält Product Backlog Items. Das sind Arbeitspakete, die vom Entwicklungsteam umgesetzt werden können. In der Praxis werden diese Items häufig als »User Stories« bezeichnet, doch neben User Stories gibt es noch verschiedene andere Typen von Product Backlog Items.
Product Lifecycle Management	Product Lifecycle Management (PLM) ist eine systematische Herangehensweise, um den Lebenszyklus eines Produkts, angefangen bei Entwurf und Entwicklung bis hin zur Realisierung, zu verwalten. PLM wird häufig in der Produktion eingesetzt, kann jedoch auch für Softwareentwicklung und Dienstleistungen genutzt werden.
Product Owner	Ein Product Owner ist jemand, der der einzige Eigentümer von der – und verantwortlich für die – Entwicklung, Wartung und Vermarktung eines Produkts oder einer Dienstleistung ist. Das wichtigste Ziel dieser Rolle ist, den Wert des Produkts zu maximieren. Mehr Informationen über die Rolle und die Verantwortung des Product Owners finden Sie in Kapitel 1. Der Product Owner ist Teil des Scrum-Teams.
Release	Ein Release ist die Auslieferung des Produkts an den Markt. Im Kontext von Softwareentwicklung ist das oft gleichbedeutend mit »etwas produktiv setzen«. In anderen Kontexten kann ein Release »die Übergabe des Produkts an Kunden oder Anwender« bedeuten. Ein Release muss im Übrigen nicht immer an alle Kunden/Anwender ausgeliefert werden. Der Product Owner entscheidet darüber, wann ausgeliefert werden kann und ob das für alle oder nur einen Teil der Kunden/Anwender gilt.
Return on Investment	Der Return on Investment (ROI) oder die Kapitalrendite gibt das Verhältnis zwischen Erträgen und Investitionen an und wird meist in Prozent angegeben. Ein Unternehmen, das für eine bestimmte Aktivität 1.500 Euro bereitgestellt und damit 3.000 Euro verdient hat, hat einen ROI von 200% realisiert. Eine Investition kann auch komplett scheitern. Wenn die Investition zu einem Verlust führt, liegt der ROI unter 100%.

Wort	Bedeutung
Scrum	»Scrum (n): Ein Rahmenwerk, innerhalb dessen Menschen komplexe adaptive Aufgabenstellungen angehen können, und durch das sie in die Lage versetzt werden, produktiv und kreativ Produkte mit höchstmöglichem Wert auszuliefern. [...] Scrum wird seit den frühen 1990er Jahren als Prozessrahmenwerk zum Management der Arbeit an komplexen Produkten verwendet. Scrum ist weder ein Prozess, noch eine Technik oder vollständige Methode. Vielmehr ist es ein Rahmenwerk, innerhalb dessen verschiedene Prozesse und Techniken zum Einsatz gebracht werden können. Scrum macht die relative Wirksamkeit Ihres Produktmanagements und Ihrer Arbeitstechniken sichtbar, damit Sie fortlaufend das Produkt, das Team und die Arbeitsumgebung verbessern können.« [SG2017] Es wurde zielgerichtet als leichtgewichtiges Rahmenwerk ohne umfangreiche Regeln konzipiert, sodass es auch in komplexen Umgebungen eingesetzt werden kann, in denen man erst durch Experimente herausfinden muss, wie man am besten vorgehen sollte.
Scrum Master	»Der Scrum Master ist dafür verantwortlich, Scrum entsprechend des Scrum Guides zu fördern und zu unterstützen. Scrum Master tun dies, indem sie allen Beteiligten helfen, die Scrum-Theorie, -Praktiken, -Regeln und -Werte zu verstehen.« [SG2017] Der Scrum Master ist ein »Servant Leader« für das Scrum-Team und die Organisation. Er ist Teil des Scrum-Teams.
Scrum-Team	Das Scrum-Team besteht aus allen drei Scrum-Rollen – dem Product Owner, dem Scrum Master und dem Entwicklungsteam. Gemeinsam stellen sie durch aktive Zusammenarbeit zwischen den verschiedenen Rollen sicher, dass Wert für den Kunden geliefert wird.
Sprint	»Das Herz von Scrum ist der Sprint, ein Zeitraum [Time Box] von maximal einem Monat, innerhalb dessen ein fertiges [›Done‹], nutzbares und potenziell auslieferbares Produktinkrement hergestellt wird. Alle Sprints innerhalb eines Entwicklungsvorhabens sollten die gleiche Dauer haben. Der neue Sprint startet sofort nach Abschluss des vorherigen Sprints.« [SG2017]
Sprint-Review	»Am Ende eines Sprints wird ein Sprint Review abgehalten, um das Produktinkrement zu überprüfen und das Product Backlog bei Bedarf anzupassen. Während des Sprint Reviews beschäftigen sich das Scrum-Team und die Stakeholder gemeinsam mit den Ergebnissen des Sprints. Zusammen mit eventuellen Änderungen am Product Backlog während des Sprints bieten diese Ergebnisse die Basis für die gemeinsame Arbeit an möglichen neuen, den Wert des Produkts steigernden Punkten. Beim Sprint Review handelt es sich um ein informelles Meeting, keinen Statusreport. Die Vorführung des Inkrements ist als Anregung für Feedback und als Basis für die Zusammenarbeit gedacht.« [SG2017]

Wort	Bedeutung
Technical Debt	Technical Debt, auf Deutsch »technische Schulden«, ist eine Metapher für eine offene Schuld, deren Ursache technischer Natur ist. Die Schulden bestehen aus den Kosten für Nacharbeiten (engl.: Refactoring), die ausgeführt werden müssen, um eine konsistente und wartbare Lösung zu erstellen. Solange diese Arbeiten nicht erledigt sind, besteht die Schuld weiter und es sind Zinsen in Form von zusätzlichen Aufwänden bei Anpassungen zu zahlen. Technische Schulden entstehen, wenn das Entwicklungsteam (z.B. unter Zeitdruck) Komponenten baut, die nicht einer vorgegebenen Norm entsprechen (u.a. durch Abkürzungen im Code). Diese aufgebauten technischen Schulden müssen irgendwann in der Zukunft zurückgezahlt werden.
Time-to-Learn	Time-to-Learn bezeichnet die Zeitspanne von einer Produktidee bis zum Lernen von Kunden/Anwendern, wie sie das fertige Produkt erleben. Der Time-to-Learn-Zyklus beginnt typischerweise mit einer Idee, dann wird das Produkt entworfen, entwickelt, vermarktet, verkauft und am Ende vom Kunden genutzt. Der letzte Schritt im Prozess ist das eigentliche Lernen von Kunden und Anwendern. Zum Time-to-Learn-Zyklus gehören all diese Schritte. Mit seiner Hilfe können sowohl die Entwicklungs- bzw. Innovationsgeschwindigkeit als auch die Lerngeschwindigkeit visualisiert werden.
Time-to-Market	Time-to-Market bezeichnet die Zeitspanne zwischen der Idee für ein Produkt bis zu seiner Auslieferung. Der Time-to-Market-Zyklus beginnt typischerweise mit einer Idee, dann wird das Produkt entworfen, entwickelt, vermarktet und am Ende an den Kunden verkauft. Der Time-to-Market-Zyklus umfasst alle diese Schritte, mit seiner Hilfe kann die Entwicklungs- bzw. Innovationsgeschwindigkeit visualisiert werden.
Total Cost of Ownership	Die Total Cost of Ownership (TCO) sind die Gesamtkosten für den Besitz eines Produkts oder die Nutzung einer Dienstleistung während des Lebens- bzw. Nutzungszyklus. Die Kennzahl enthält neben dem Anschaffungspreis des Produkts auch alle weiteren Kosten, die zwischen dem Kauf und seiner Außerdienststellung anfallen, also auch Kosten für Wartung, Weiterentwicklung, Updates usw. (im Falle eines Softwareprodukts z.B. auch »Hosting«). Die Berechnung der Total Cost of Ownership (vorab oder im Nachhinein) kann genutzt werden, um die Gesamtkosten für ein Produkt zu bestimmen oder Produkte miteinander zu vergleichen. Zudem können diese Kosten zur Berechnung des ROI herangezogen werden.

Danksagung

Dieses Buch wäre ohne die Unterstützung unserer Kunden, vieler Kollegen und Freunde, der Familie und natürlich unseres Verlags nie zustande gekommen. Deshalb wollen wir die Gelegenheit nutzen, uns bei jedem recht herzlich für seinen oder ihren Beitrag zu diesem Buch zu bedanken.

Ganz besonders danken wir Sandra und Sandra. Welche von beiden nun die Frau bzw. Freundin von Willem oder von Robbin ist, das lassen wir mal außen vor! Wir danken euch beiden sehr für die Unterstützung und die Geduld an den Abenden, den Wochenenden und im Urlaub, wenn wir uns zurückgezogen und geschrieben haben. Ihr seid großartig!

Ein Dank geht auch an all unsere Kunden! Es spricht für sich, dass die vielen Kunden, mit denen wir gesprochen haben, einen enormen Einfluss auf das Zustandekommen dieses Buches hatten. Mancher mag nur indirekt beigetragen haben, doch aus den Coaching-Gesprächen mit Product Ownern, Scrum Mastern und Entwicklungsteams sowie aus der täglichen Praxis bei unseren Kunden haben wir eine Menge Inspiration geschöpft. Unser besonderer Dank gilt Robbert Dekker. Er hat das Buch von vorn bis hinten mit Blick auf Punkt und Komma, auf praktische Relevanz u.v.a.m. gelesen. Robert, vielen Dank für dein kritisches Review, durch das dieses Buch eine Klasse besser geworden ist.

Auch bei Rob van Lanen wollen wir uns ganz besonders bedanken, der zum einen ein tolles Vorwort geschrieben und zum anderen uns inspiriert hat, dieses Buch auch wirklich zu schreiben. Rob, ein gewaltiges Dankeschön geht an dich für die Reviews, deine Zeit und deine Energie, die du in dieses Buch gesteckt hast, das es ohne dein Zutun nicht gäbe. Danke für die tolle

Zeit, die wir dank dir erleben durften. Wir hatten eine Menge Spaß und haben viel gelacht, während wir dieses Buch geschrieben haben. Es war ein fantastisches Projekt! Auch an Peter Koning und Rini van Solingen herzlichen Dank für ihre Hilfe. Peter verdanken wir vor allem praktische Tipps beim Schreiben und Rini hat uns viele wertvolle Tipps zu unserem Schreibstil gegeben und uns beim Kontakt mit dem Boom-Verlag geholfen. Darüber sind wir sehr froh. Der Verlag Boom hat uns vom Schreiben bis zum Herausgeben dieses Buches bei jedem Schritt gut unterstützt und die redigierte Version ist noch einmal deutlich besser geworden. Vielen Dank an alle bei Boom für alles.

Darüber hinaus wollen wir uns gern auch bei allen Teilnehmern bedanken, die in den vergangenen Jahren an einem unserer Trainings zum Professional Scrum Master oder Professional Scrum Product Owner teilgenommen haben. Ihr habt es mit uns wirklich schwer gehabt. Immer wieder haben wir auf das Buch »*50 Arten, Nein zu sagen*« verwiesen, wenn es um Stakeholder-Management ging. Wir danken euch für eure positiven, begeisterten und motivierenden Reaktionen, die uns ermuntert haben, das Buch wirklich herauszubringen. Es ist auch euch zu verdanken, dass das Buch jetzt vorliegt! Ihr könnt es nun endlich lesen.

Insbesondere möchte sich Willem bei den Teilnehmern des Trainings zum Professional Scrum Product Owner vom 19./20. Oktober 2017 bedanken. Sie waren die Ersten, die unsere erste Auswahl von 50 Neins zu Gesicht bekamen, was sofort wertvolles Feedback eingebracht hat. Dafür herzlichen Dank!

Am Ende wollen wir allen anderen Menschen, die nicht namentlich genannt wurden, für ihren Beitrag zu diesem Buch danken: unseren Freunden, Nachbarn, Kollegen und anderen. Nur weil ihr uns Feedback, Reviews, Zeit, Wissen und Erfahrungen zur Verfügung gestellt habt, konnten wir das schaffen. Herzlichen Dank euch allen!

Über die Autoren

Robbin Schuurman

Robbin Schuurman arbeitet als Product Leadership Trainer und Berater. Robbin unterstützt und berät Organisationen in digitalen und agilen Transformationen, insbesondere auf den Gebieten Product Ownership, Produktmanagement und Leadership. Mit Coaching, Training und Beratung hilft Robbin Product Ownern, Produktmanagern und dem Linienmanagement, die Wirksamkeit für Kunden, die Flexibilität der Organisation und die Time-to-Learn zu verbessern. Zudem ist Robbin Professional Scrum Trainer (PST) bei Scrum.org, der offiziellen Ausbildungs- und Zertifizierungsinstanz für das Scrum-Framework. Über Scrum.org bietet Robbin verschiedene zertifizierte Trainings an, z.B. zum Professional Scrum Master und Professional Scrum Product Owner (I + II).

Robbin verfügt über mehr als zehn Jahre Erfahrung mit Themen wie Agilität, Scrum, Projektmanagement, Produktmanagement und Portfoliomanagement. In den vergangenen Jahren war er in verschiedenen Unternehmen z.B. als Projektmanager, Scrum Master, Product Owner, Agile Coach, Leiter Agile Transformation und Manager in der Softwareentwicklung im Einsatz.

Sie wollen Kontakt aufnehmen? Das LinkedIn-Profil von Robbin finden Sie unter *https://www.linkedin.com/in/robbinschuurman/*.

Willem Vermaak

Willem Vermaak arbeitet als Berater mit Spezialisierung auf alles rund um Produkt, Produktmanagement, Leadership und Strategie. Er unterstützt Organisationen bei ihrer agilen Transformation und hilft Product Ownern und Produktmanagern, die von ihnen entwickelten Produkte in den Griff zu bekommen und im Griff zu behalten. Er hat eine echte Leidenschaft für die Schnittstelle zwischen Leadership und Produktentwicklung und fühlt sich in sich verändernden Organisationen wohl wie ein Fisch im Wasser.

Willem ist Professional Scrum Trainer (PST) bei Scrum.org mit dem Schwerpunkt auf Trainings zum Professional Scrum Product Owner.

Willem hat fünf Jahre als Führungsoffizier bei der Koninklijke Landmacht (Königliches Heer) gedient und wechselte dann in den öffentlichen Dienst. Dort war er in so verschiedenen Rollen wie Projektmanager, Studioleiter, Product Owner, Scrum Master und Agile Coach tätig.

Sie wollen Kontakt aufnehmen? Das LinkedIn-Profil von Willem finden Sie unter *https://www.linkedin.com/in/willemvermaak/*.

Über den Übersetzer

Rolf Dräther studierte Physik und arbeitete u.a. als Schallschutzsachverständiger, Windsurf- und Snowboardlehrer, Softwareentwickler, Radkurier, Leiter einer Softwareentwicklungsabteilung, Autor und Übersetzer. Als er spürte, dass ihn die Menschen mehr als die Technik interessieren, absolvierte er eine dreijährige berufsbegleitende Ausbildung am Systemischen Institut Karlsruhe und eine Vielzahl von Weiterbildungen. Seit 2013 arbeitet er freiberuflich als Berater und Coach. Dabei ist für ihn Freude bei der Arbeit ein zentraler Erfolgsfaktor und besonderes Anliegen.